挥发性有机物污染控制系列丛书

固体废物处置污染物排放研究

王赫婧　沙　莎　闵　健　郎兴华　黄敏超　等 编译

李天威　吕　巍　审校

中国环境出版集团・北京

图书在版编目（CIP）数据

固体废物处置污染物排放研究/王赫婧等编译.
—北京：中国环境出版集团，2018.12
（挥发性有机物污染控制系列丛书）
ISBN 978-7-5111-3862-0

Ⅰ. ①固… Ⅱ. ①王… Ⅲ. ①固体废物处理—研究 Ⅳ. ①X705

中国版本图书馆 CIP 数据核字（2018）第 292634 号

出 版 人　武德凯
责任编辑　李兰兰
责任校对　任　丽
封面设计　宋　瑞

更多信息，请关注
中国环境出版集团
第一分社

出版发行　中国环境出版集团
（100062　北京市东城区广渠门内大街 16 号）
网　　址：http：//www.cesp.com.cn
电子邮箱：bjgl@cesp.com.cn
联系电话：010-67112765（编辑管理部）
010-67112735（第一分社）
发行热线：010-67125803，010-67113405（传真）

印　　刷　北京市联华印刷厂
经　　销　各地新华书店
版　　次　2018 年 12 月第 1 版
印　　次　2018 年 12 月第 1 次印刷
开　　本　787×960　1/16
印　　张　11.5
字　　数　200 千字
定　　价　47.00 元

【版权所有。未经许可，请勿翻印、转载，违者必究。】
如有缺页、破损、倒装等印装质量问题，请寄回本社更换

序

城市固体废物处理处置已日益成为世界范围内普遍关注的问题，是一项十分艰巨的综合性、系统性工程。随着城市发展和人民生活水平的不断提高，城市生活垃圾及固体废物等产生量逐年增加，引起的环境污染问题越来越严重。据统计，2012 年我国垃圾清运量约为 1.71 亿 t，2016 年已达到 2.15 亿 t，折合每天 58.9 万 t。我国已经制定和出台了大量有关固体废物处理的法律、法规、行业标准与鼓励政策。这些法律、法规以及行业标准机制的建设，是我国固体废物处理处置有序健康发展的基本保证。

城市固体废物是指在城市日常生活中或者为城市日常生活提供服务的活动中产生的固体废物以及法律、行政法规规定视为城市生活垃圾的固体废物。在我国，各个城市固体废物处理处置水平和方式有较大差异，我国垃圾收集目前大多数城市采用混合收集的方式，垃圾的成分复杂，含水率高达 30% ~ 50%，其中煤渣、砂石、金属、玻璃等无机物含量很高，而纸张、塑料、木料、纺织物、皮革等高热值物质含量较少，垃圾的综合热值较低。大多数城市固体废物规范化处理处置刚刚起步，卫生填埋为多数城市固体废物的主要处理处置方法，部分城市还有简易的垃圾填埋场在运行。另外，焚烧作为一种传统的处理方法，也是城市固体废物处理的主要方法之一。将废物用焚烧法处理后，废物能减量化，节省用地，还可消灭各种病原体。现代的固体废物焚烧炉皆配有良好的烟尘净化装置，能有效减少对大气的污染。

美国20世纪就开始针对固体废物的处理处置过程中的污染物开展检测分析，其中重点针对包含挥发性有机物（Volatile Organic Compounds，VOCs）等污染物排放进行深入研究。本书为“挥发性有机物污染控制系列丛书”之一，为美国国家环境保护局发布的《固体废物处置污染物排放研究》（*Solid Waste Disposal*，EPA，AP-42，第五版，第一卷）的中文译本。

AP-42固体废物处置部分的内容为美国国家环境保护局1995年1月发布的第五版，在VOCs定义与表征、监测方法、排放量估算方法以及污染控制标准体系方面的研究较为全面和深入，是VOCs管理研究的首要借鉴对象。本书介绍了固体垃圾处置过程及其污染物/排放物和控制处理技术，其中涵盖城市生活垃圾焚烧、污水污泥焚化、医疗垃圾焚化、城市生活垃圾填埋、露天焚烧、汽车车身焚化等污染物处置过程，并总结了不同污染源排放规律和各种污染因子（其中包括SO_2、NO_x、PM、CO、VOCs、微量金属等）的处理技术及措施，分门别类地给出了大量的归纳性排放系数。

本书的翻译出版，将为我国企业、事业、环保部门的环境管理人员，科研院校的研究、教学人员，设计院、环境影响评价编制单位的技术管理人员等工作者提供有益的帮助，对挥发性有机物在污染源归类分析、环境影响评价、排污许可、环境执法、科研课题等方向的工作开展具有参考和借鉴意义。

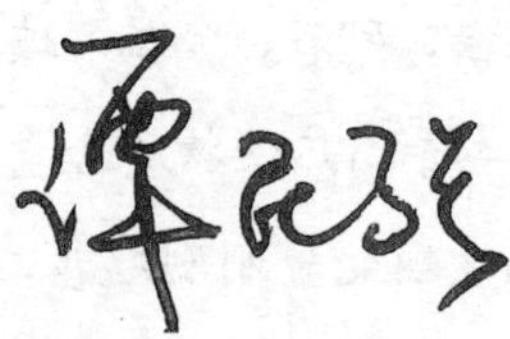

前 言

在美国，城市固体废物产生量持续增加。美国城市生活垃圾等固体废物的管控主要有填埋、焚化和回收等处理方法。固体垃圾处理操作会造成大气排放物（气态污染物或颗粒物）增多。排放物的种类十分多样，究其原因主要取决于固体废物类型和成分、垃圾处理方式以及其他因素。固体废物不仅是产生量增长，在成分上也有质的变化。除大规模的工业废弃物污染外，固体废物中的有毒废弃物污染在20世纪中期也是屡见不鲜的。这种早期的污染物排放即便停止了，有毒物质也会长期滞留于环境中，对人类及其他生物的生存造成威胁，对生态环境的自净循环系统造成破坏。

固体废物中的污水污泥和医疗垃圾是特定类型的垃圾，需要专门设计装置进行处置。除了焚化，还可通过土地利用处理污水污泥。但由于医疗垃圾的传染性问题，主要处置方法是焚化。2010 年焚烧技术在美国垃圾处置比例占到了 11.7%，在中国垃圾处置比例为 19.2%。中国垃圾无害化率仅为 77.9%，仍有 20%的垃圾处于无序管理状态。随着全国城镇生活垃圾无害化处理设施建设的深入，2015 年我国城市生活垃圾无害化处理率已达到 92.5%。

为了深入研究城市固体废物的排放与管理，环境保护部环境工程评估中心组织翻译了美国国家环境保护局发布的《固体废物处置污染物排放研究》（*Solid Waste Disposal*，EPA，AP-42，第五版，第一卷）。主要内容为：第 1 章城市生活垃圾焚烧处置；第 2 章污水污泥焚化处置；第 3 章医疗垃圾焚化处置；

第 4 章城市生活垃圾填埋处置；第 5 章露天焚烧处置；第 6 章汽车车身焚化处置；第 7 章锥形燃烧器。

参与本书翻译的有王赫婧、沙莎、闵健、郎兴华、黄敏超等，审校由李天威、吕巍负责。

本书的翻译得到了生态环境部环境影响评价与排放管理司相关领导的帮助与支持。

本书的翻译工作十分复杂，我们力求忠于原文，尽量试图表述清晰达意。同时，原文为 20 世纪文稿，选用的多为历史数据，本书的国际单位制和英制数据取值均和原文保持一致，供读者参考。

鉴于译校者的知识面和水平有限，仍会有不当之处，望读者不吝指正，以供再版时修改。

目 录

1　城市生活垃圾焚烧处置

废品焚烧是指焚毁垃圾和其他无害固体，这些废品一般统称为城市生活垃圾（Municipal Solid Waste，MSW）。用来焚毁废品的焚烧设备包括以下 3 种类型：单室设备、多室设备和槽式焚化炉。

1.1　概述[1-3]

自 1992 年 1 月起，美国已建成 160 多座日处理能力超过 36 Mg(megagrams per day，Mg/d）的生活垃圾焚烧厂（Municipal Waste Combustor，MWC），MSW 处理能力总规模约 100 000 Mg/d[1]。预计到 1997 年，MWC 处理能力总规模将会达到 150 000 Mg/d，相当于美国到 2000 年为止 MSW 产出值估算总量的 28%左右。

MWC 联邦法规目前属于《美国联邦法规》(*Code of Federal Regulations*，CFR）第 40 章第 60 篇第 3 分篇。E 分篇介绍了 1971 年后建成、MSW 焚烧量超过 45 Mg/d 的 MWC 设备。Ea 分篇对 1989 年 12 月 20 日之后开始兴建或改建、处理能力超过 225 Mg/d 的 MWC 设备设立了《新污染源行为标准》（*New Source Performance Standards*，NSPS）。Ca 分篇对 1989 年 12 月 20 日之前兴建或改建、处理能力超过 225 Mg/d 的 MWC 设备设立了排放指标（Emission Guideline，EG）。分篇 Ea 和 Ca 法规均于 1991 年 11 月颁布。

分篇 E 包含颗粒物（Particulate Matter，PM）标准。分篇 Ca 和 Ea 目前设立了 PM、四到八氯代二苯并二噁英（Chlorinated Dibenzo-p-dioxin，CDD）/氯代二苯并呋喃（Chlorinated Dibenzofurans，CDF）、氯化氢（HCl）、二氧化硫（SO_2）、

氮氧化物（NO_x）（仅在分篇 Ea 中设立）和一氧化碳（CO）的标准。此外，按照1990 年《清洁空气法修正案》（*Clean Air Act Amendments*，CAAA）第 129 条的要求，针对新型和现有设施制定了汞（Hg）、铅（Pb）、镉（Cd）和 NO_x（仅用于分篇 Ca）的标准。

除了要求对分篇 Ca 和 Ea 法规进行修订，第 129 条还要求美国国家环境保护局（EPA）对这些分篇中目前涉及污染物的标准和指南进行审核。修订后的法规很可能会更加严格。法规的范围还扩展为包括处理能力不高于 225 Mg/d 的新型和现有 MWC 设施。修订后的法规可能会包括处理能力低至 18～45 Mg/d 的设施。这些设施目前只纳入了州级法规。

1.1.1 焚烧炉技术

焚毁 MSW 的技术主要分为三大类：全量焚烧、垃圾衍生燃料（Refuse-Derived Fuel，RDF）焚烧和模块化焚烧炉。本节简要介绍这三类焚烧炉。每类焚烧炉设计结构与操作的详情参见 1.2 节。

对于全量焚烧设备，除了要将体积过大无法通过进料系统的物品清理掉，MSW 的焚烧无须任何预处理。典型的全量焚烧炉是将废品置于炉排上平移穿过焚烧炉。超出化学当量的助燃空气，可通过炉排下方（一次风）和上方（燃尽风）提供。全量焚烧炉通常现场安装（与在别处预制的完全不同），MSW 的单位吞吐量为 46～900 Mg/d。全量焚烧炉可分为水冷壁全量焚烧炉（Mass Burn Waterwall，MB/WW）、旋转式水冷壁全量焚烧炉（Mass Burn Rotary Waterwall Combustor，MB/RC）和耐火墙全量焚烧炉（Mass Burn Refractory Wall，MB/REF）。水冷壁全量焚烧炉的设计结构是炉壁上铺满充水的管子，用来回收蒸汽和电力生成的热量。旋转式水冷壁全量焚烧炉的燃烧室是旋转式的，结构也是炉壁上铺满充水的管子。耐火墙是老式全量焚烧炉的设计结构，通常没有任何热量回收装置。图 1-1、图 1-2 和图 1-3 是三张流程图，分别展示了典型的 MB/WW 焚烧炉、MB/RC 焚烧炉和炉排式/回转窑式 MB/REF 焚烧炉。

垃圾衍生燃料焚烧炉用来焚烧处理过的垃圾，包括粉碎垃圾以及适合与粉煤混燃的细碎燃料，其垃圾处理能力为 290～1 300 Mg/d。图 1-4 展示了典型 RDF 焚烧炉的流程。垃圾处理通常包括筛除不燃物质和碎片，这样可以增加热值，燃料也更统一。所用 RDF 的类型取决于锅炉设计结构。大多数焚烧 RDF 的锅炉设计结构都使用抛煤机，并以半悬浮的模式焚烧碎絮 RDF。还有一种 RDF 技术是流化床焚烧炉（Fluidized Bed Combustors，FBC）。

模块化焚烧炉与全量焚烧炉类似，都是焚烧未经处理的垃圾，但模块化焚烧炉一般是工厂预制，MSW 处理能力为 4～130 Mg/d。模块化焚烧炉最常见的一种类型是缺氧型焚烧炉（或称为热解气化型焚烧炉），这种焚烧炉包含两个燃烧室。图 1-5 展示了典型模块化缺氧型（Modular Starved-air，MOD/SA）焚烧炉的流程。提供给一次风室的是亚化学当量级空气。未完全燃烧的产物（CO 和有机物）进入二次风室，从中再充入一些空气，完成燃烧。还有一种模块化焚烧炉，它是由两个燃烧室组成的模块化过量空气（Modular Excess Air，MOD/EA）焚烧炉，功能上与在一次风室使用过量空气的全量焚烧装置类似。

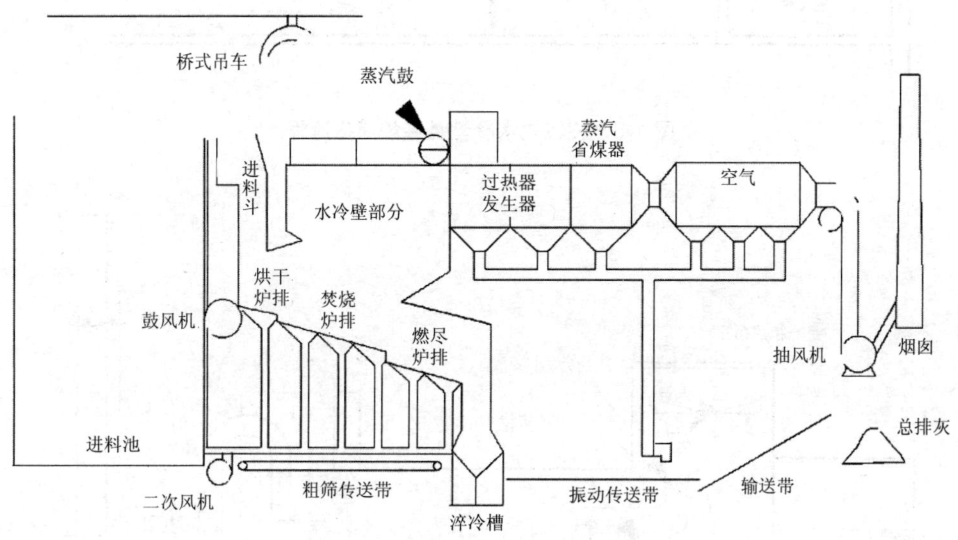

图 1-1　典型水冷壁全量焚烧炉

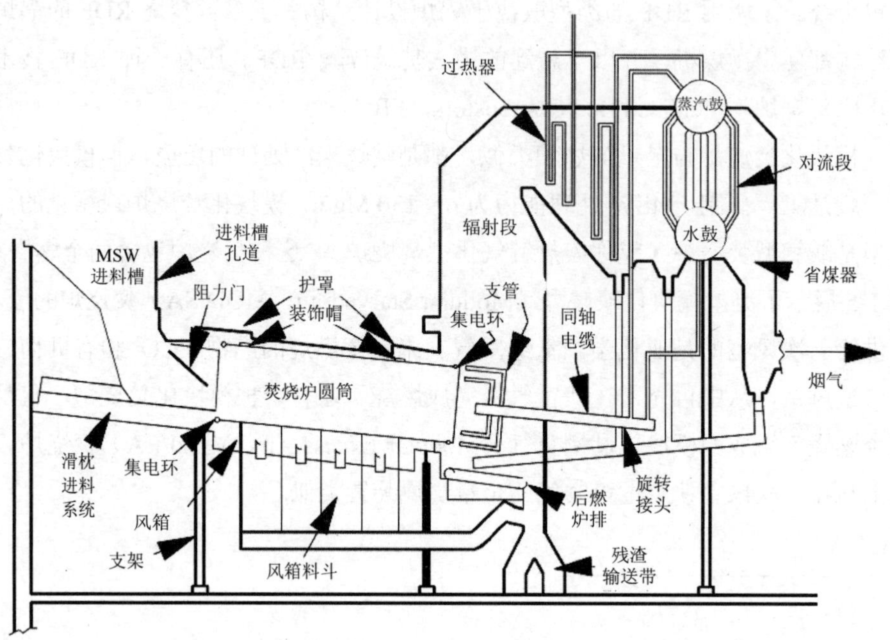

图 1-2 旋转式水冷壁焚烧炉简化流程

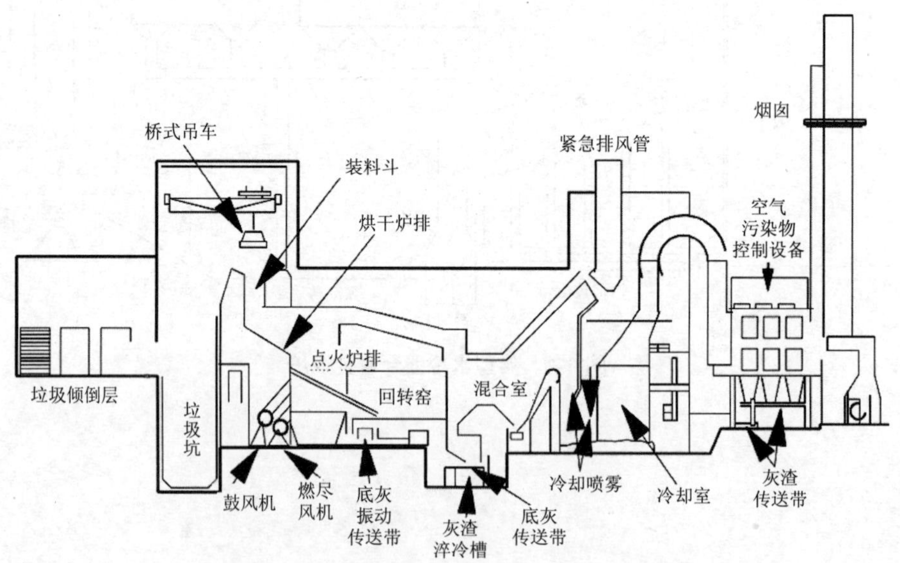

图 1-3 炉排式/回转窑式耐火墙全量焚烧炉

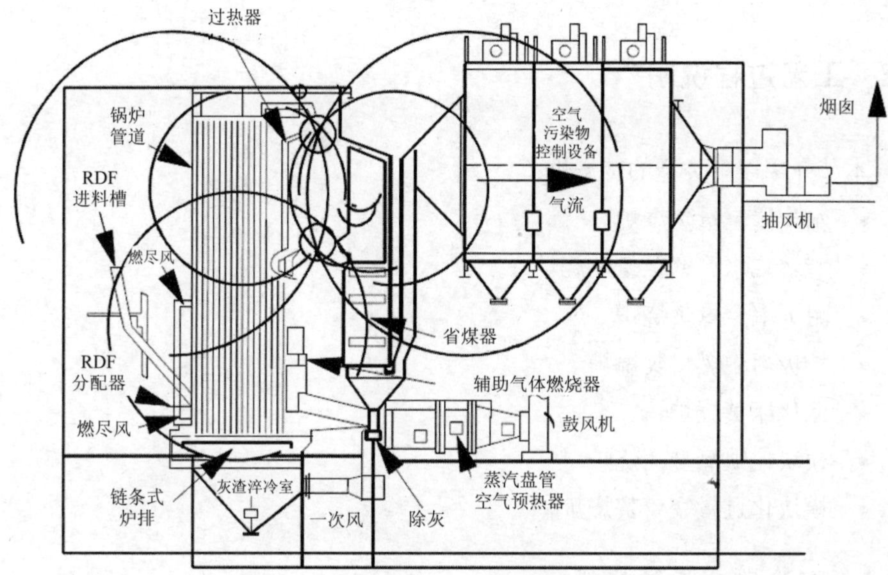

图 1-4　焚烧 RDF 的典型抛煤机锅炉

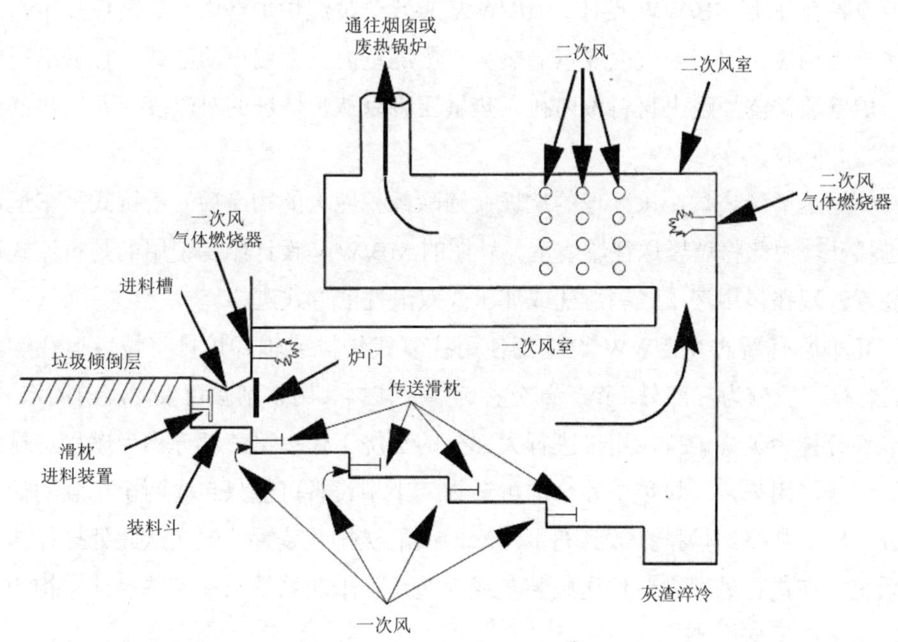

图 1-5　装有传送滑枕的典型模块化缺氧型焚烧炉

1.2 工艺过程说明[4]

本节介绍以下类型的焚烧炉：

- 水冷壁全量焚烧炉
- 旋转式水冷壁全量焚烧炉
- 耐火墙全量焚烧炉
- 垃圾衍生燃料焚烧炉
- 流化床焚烧炉
- 模块化缺氧型焚烧炉
- 模块化过量空气焚烧炉

1.2.1 水冷壁全量焚烧炉

MB/WW 设计结构是代表现有大型 MWC 的主要技术，预计将有超过 50%的新型设备会使用 MB/WW 设计。MB/WW 装置的焚烧炉炉壁由充满循环高压水的金属管道构建，用来回收燃烧室的热量。燃烧室内火力偏小的区域，容易出现腐蚀，炉壁通常浇灌耐火材料做内衬。热量还可以从焚烧炉的对流段（即过热器或省煤器）回收。

使用这类焚烧炉，未处理的垃圾（筛除体积庞大的物品后）由桥式吊车运送到进料斗，由此将垃圾送往燃烧室。早期的 MB/WW 设计结构使用的是自流式进料装置，现在多用液压式单滑枕或液压式双滑枕的方式进料。

几乎所有新式 MB/WW 设施都使用往复式炉排或辊式炉排将垃圾运往燃烧室。炉排一般分为三部分：第一部分称为烘干炉排，用来削减垃圾燃烧前的水分；第二部分称为焚烧炉排，用来进行大部分的焚烧工作；第三部分称为燃尽炉排或终结炉排，用来焚烧垃圾中残余的可燃物。小型设备可能只包含两个单独的炉排部分。底灰从终结炉排排放到充水淬冷槽或滑枕排灰装置，湿灰从此处排往传送带系统，在进行处理之前传送到装灰或存灰区。干灰系统只在某些设计结构中使用，并未广泛推广。

燃烧空气从炉排下方经由一次风集气室充入。大部分 MB/WW 系统通过多个集气室向各个炉排提供部分一次风，增强对垃圾层焚烧和散热的控制。燃尽风通过焚烧炉侧壁上的多行高压喷嘴喷入，将垃圾层生成的富燃料气体氧化，完成焚烧过程。燃尽风系统设计操作得当有助于烟气中有机物的混合和燃尽。通常，MB/WW MWC 的操作会用到 80%～100%的过量空气。

烟气从焚烧炉中排出，穿过附加热回收装置，去往一个或多个空气污染物控制设备（Air Pollution Control Device，APCD）。1.4 节将介绍会用到的 APCD 类型。

1.2.2 旋转式水冷壁全量焚烧炉

MB/RC 是较为独特的全量焚烧设计结构，装有这种设备的垃圾处理厂的处理能力为 180～2 400 Mg/d，每座处理厂通常装有 2～3 个。这类系统使用旋转式燃烧室。对体积过大无法进入焚烧炉的垃圾进行粗分后，垃圾通过滑枕装填到倾斜的旋转式燃烧室，它缓慢旋转，使垃圾在焚烧时向前翻滚。一次风穿过垃圾层喷入，燃尽风在垃圾层上方喷入。底灰从旋转式焚烧炉排放到补燃器炉排，然后进入湿式淬冷槽。湿灰在进行处理之前从此处传送到装灰或存灰区。

将近 80%的燃烧空气都是沿着旋转式燃烧室的长度方向提供的，而且绝大部分是燃烧室前半段提供。其余的燃烧空气位于锅炉旋转式燃烧室出口的上方，供后燃器炉排使用。典型的 MB/WW 焚烧系统在 80%～100%的过量空气水平下运行，相比较而言，MB/RC 在 50%左右的过量空气水平下运行。旋转式燃烧室中流经管道的水回收焚烧产生的热量，其他热量通过锅炉水冷壁、过热器和省煤器回收。烟气通常从省煤器引入 APCD。

1.2.3 耐火墙全量焚烧炉

1970 年之前，大量 MB/REF MWC 投入使用，旨在完成减废工作，但这种焚烧炉通常没有能源回收装置。20 世纪 70 年代和 80 年代兴建或拟建的 25 座 MB/REF 厂通过静电除尘器（Electrostatic Precipitator，ESP）减少 PM 排放，其中只有几座 MB/REF 厂安装了热回收锅炉。大多数 MB/REF 焚烧炉的垃圾处理能力为 90～270 Mg/d。预计美国日后不会再修建其他 MB/REF 厂。

MB/REF 焚烧炉的设计结构包括若干种：一种是圆柱形或正方体的分批进料直立式焚烧炉；还有一种是带有链条式、摇动式或往复式炉排的长方体燃烧室。

后一种焚烧炉是连续进料，并在过量空气模式下运行。如果垃圾在链条式炉排上移动，前进过程中通过焚烧炉时会通气不足。因此，燃料层厚度抑制垃圾的燃尽和完全焚烧，就很可能会有未焚烧的垃圾排放到底灰槽。摇动式和往复式炉排系统会在垃圾层前进通过燃烧室时搅动垃圾保持通气，因此垃圾与燃烧空气就可以接触良好，可燃物也就更容易燃尽。这种装置通常在炉排尾端将灰渣排到淬冷水槽，以便日后在填埋场进行收集和处理。

由于 MB/REF 焚烧炉没有传热介质（如新式能源恢复装置中的水冷壁），因此运行条件的过量空气率（150%～300%）一般比MB/WW焚烧炉高（80%～100%）。较高的过量空气水平是为了防止温度过高造成耐火材料损毁、出渣、积垢和腐蚀问题。过量空气水平高的其中一个负面作用是可能会造成燃烧室中夹带的 PM 增多，从而最终导致烟囱排放率升高。如果下游催化区域表面积增加，夹带 PM 过多还会导致 CDD/CDF 排放量增多。过量空气水平高的另一个负面作用是导致焚烧反应淬冷（冷却），妨碍有机物的热破坏。

为了解决上述问题，新型 MB/REF 焚烧炉都采用 Volund 设计结构（图 1-3 展示了这种 MB/REF 设计结构），这种设计结构大大减少了其他 MB/REF 系统带来的某些问题。耐火拱安装在焚烧区上方，不仅可以减少辐射散热损失并促使固体燃尽，还可以将烘干炉排及焚烧炉排流过旁通管的部分上升气体导入混合室。上升气体在混合室中与燃尽炉排或烧窑中的气体混合。底灰传送至灰渣淬冷槽。Volund MB/REF 焚烧炉在 80%～120%过量空气模式下运行，这更加符合 MB/WW 设计结构中的过量空气水平。因此，与 MB/REF 相比，这种设计结构的 CO 水平更低，有机物破坏效果更佳。

1.2.4 垃圾衍生燃料焚烧炉

垃圾衍生燃料焚烧炉是将处理程度不同的 MSW 进行焚烧，包括通过切碎简单地处理成大量不可燃的物品，以及批量加工生产成适于煤粉锅炉混烧的细碎燃料。由于筛除的不燃物数量庞大，因此从 MSW 到 RDF 的处理通常会增加垃圾的热值。

美国材料与试验协会建立了一套将 RDF 类型进行归类的标准。所用 RDF 的类型取决于锅炉设计结构。将 RDF 作为一次燃料的锅炉设计结构都使用抛煤机，并以半悬浮的模式焚烧碎絮 RDF。

这种进料模式通过风扫式分配器完成，这样一部分 RDF 悬浮焚烧，其余部分掉落到水平链条式炉排上燃尽。一个焚烧炉中 RDF 分配器的数量完全取决于其容量。分配器通常是可以调节的，因此垃圾进料的轨道也就可以变动。由于链条式炉排是从炉膛后端向前端移动，因此分布器的设置可以调整为使大多数垃圾掉落在炉排的后 2/3，这样就能有更多的时间在炉排上完成焚烧。底灰掉入充水的淬冷室。某些链条式炉排的平移速度是单一的，但大多数可以手动调整为适应焚烧条件的变化。一次风一般通过单个集气室预热并引入炉排下方。燃尽风通过多行高压喷嘴喷入，提供至混合区完成焚烧过程。这些焚烧炉通常在 80%～100%过量空气水平下运行。

由于进料系统的基本设计结构是半悬浮式，因此垃圾衍生燃料焚烧炉污染物控制设备入口的 PM 水平通常是全量焚烧炉的两倍，比 MOD/SA 焚烧炉高一个数量级。颗粒含量高会氧化形成 CDD/CDF。但由于 PM 中夹带的碳水平较高，Hg 吸附在碳表面随后被 PM 控制设备捕获，因此垃圾衍生燃料焚烧厂比全量焚烧厂排放的可控 Hg 少很多。

煤粉（Pulverized Coal，PC）锅炉可以将煤粉与碎絮 RDF 或粉末 RDF 混燃。煤粉与碎絮混燃的 PC 锅炉中，RDF 通过煤粉喷嘴上方或与煤粉喷嘴平齐的空气喷射器引入焚烧炉。由于水分含量高且颗粒直径大，因此相较于煤粉，RDF 需要更长的时间才能燃尽。大多数部分焚烧的大颗粒从气流中脱离，掉落在焚烧炉底部完成焚烧的固定下降炉排上。炉排上堆放的灰渣定期倒入炉排下面的灰斗。层燃炉也可以将垃圾衍生燃料与煤粉混燃。

1.2.5 流化床焚烧炉

FBC 是碎絮或颗粒 RDF 在非燃性材料（如石灰、沙石或二氧化硅）湍流床上焚烧。结构最简单的 FBC 由底部装备了气体分配盘和一次风风箱的焚烧炉容器组成。焚烧层覆于气体分配盘之上，在高流速一次风的作用下悬浮或流化。RDF 可以通过焚烧炉炉壁上的端口喷入床层或喷到床层上方。其他垃圾及补充燃料在焚烧炉外与 RDF 混合或通过单独的开口添加到焚烧炉中。燃尽风用于完成焚烧过程。

FBC 焚化炉包括两种基本类型：鼓泡流化床和循环流化床。鼓泡流化床焚烧炉是用相对较低的空气流化速度将大部分流化的固体保留在焚化炉底部附近，这有助于减少床层的固体夹带到烟气中，从而减少床层颗粒的再循环和复燃。与此相反，循环流化床焚化炉使用相对较高的空气流化速度促使固定夹带到焚化炉上半部分中，焚烧在床层和焚化炉上半部分同时进行。按照设计结构，床层碎片夹带在焚烧空气中，进入旋风分离器，使未焚烧的垃圾和惰性颗粒循环流动到较低的床层。旋风会将一些灰渣连同床层固体一起清除掉。

FBC 设计结构本身就具有良好的混合性。流化床焚烧炉的气体温度、床层中的物质成分和焚烧炉上方区域的物质成分都十分均衡，这样即使过量空气和温度水平比传统焚烧系统低，FBC 也可以照样运行。垃圾焚烧 FBC 的运行条件通常为：过量空气水平为 30%～100%，床层温度为 815℃左右。高温容易致使床层结块，因此垃圾焚烧 FBC 需要低温运行。

1.2.6 模块化缺氧型（热解气化型）焚烧炉

就数量而言，MOD/SA 焚烧炉代表现有 MWC 家族中的一大部分，但由于体积偏小，因此在垃圾总处理量中只占很小的比例。MOD/SA 焚烧炉的基本结构包括两个独立的燃烧室，分别称为一次风室和二次风室。通过液压式滑枕，垃圾分批填入一次风室。填料槽通过翻斗叉车或其他方式填满。垃圾按设定好的频率自动填入，填料间隔通常为 6～10 min。

通过液压传送滑枕或往复式炉排，垃圾平移通过一次风室。使用传送滑枕的焚烧炉有单独的炉膛进行焚烧；使用炉排的焚烧炉一般包括两个独立的炉排区域。不管是这两种类型中的哪种，垃圾在一次风室的停留时间都长达 12 h。底灰通常排到湿式渣淬冷槽。

引入一次风室的空气量可确定垃圾焚烧率。引入一次风室的如果是亚化学当量级燃烧空气，会造成未燃尽的碳氢化合物中富含烟气。控制引入一次风室的燃烧空气流量（理论空气量的 40%～60%），可将排气温度维持在设定点，通常为 650～980℃（1 200～1 800℉）。

然后，富燃料热烟气流向二次风室，与补充空气混合完成焚烧过程。由于从一次风室排出的气体温度高于自燃点，因此只需在富燃料气体中引入空气即可完成焚烧。控制充入二次风室的空气量，可将烟气的排气温度维持在需要的温度，通常为980～1 200℃（1 800～2 200℉）。燃烧空气总量的近80%作为二次风引入。过量空气水平一般为80%～150%。

两种燃烧室的炉壁都浇灌耐火材料做内衬。早先MOD/SA焚烧炉没有能量回收装置，但新型设施中废热锅炉很常见，一台锅炉通常会增设两个及以上燃烧模块。具备能量回收功能的焚烧炉还保留了倾斜的烟囱，以备在出现紧急情况或空气污染物控制设备不能正常运行时使用。

大多数MOD/SA MWC都在一次风室和二次风室配备了辅助燃料燃烧器。焚烧炉开机过程中（很多模块单元尚未稳定运行）或无法达到所需燃烧温度时都可以使用辅助燃料。一般来说，燃烧过程是通过控制空气流量和进料速度自我维持的，因此不需要不断添加辅助燃料混燃。

在二次风室中保持较高的燃烧温度并使烟气与空气充分混合可确保燃烧状况良好，CO 和微量有机物的排放也就相对较少。通过一次风室引入的燃烧空气数量不多，一次风室中的气体流量和PM含量较低，因此MOD/SA MWC排放的空气污染物中PM也就相对较少。很多现有模块化系统都没有安装空气污染物控制设备，体积偏小的缺氧型设施更是如此，只有很少的几个新型MOD/SA MWC安装了酸性气体/PM控制设备。

1.2.7 模块化过量空气焚烧炉

从数量上讲，MOD/EA MWC比MOD/SA MWC多；从设计结构上讲，MOD/EA设备与MOD/SA设备类似，都包含一次风室和二次风室。垃圾分批填入一次风室（浇注耐火材料做内衬），然后通过液压式传送滑枕、振动炉排或旋转炉平移通过一次风室。底灰通常排到湿式渣淬冷槽。二次风室（也浇注耐火材料做内衬）提供更长的烟气停留时间使燃料/碳燃尽。能量通常在废热锅炉中回收。装有多个焚烧炉的设施会有三次风室，每个焚烧炉排出的烟气在进入能量回收锅炉之前在此混合。

MOD/EA焚烧炉与MOD/SA焚烧炉不同，但与MB/REF设备类似，通常在一次风室过量空气水平100%的条件下运行，但过量空气水平会在50%～250%变动。MOD/EA焚烧炉还将循环烟气用作燃烧空气，使一次风室和二次风室保持所需的温度。由于空气流量更大，因此 MOD/EA 焚烧炉比 MOD/SA 焚烧炉排放的 PM 多，PM 排放浓度与全量焚烧炉相差不大。但与 MOD/SA 或全量焚烧炉相比，MOD/EA 焚烧炉排放的 NO_x 较少。

1.3 排放物[4-7]

根据 MSW 的特点和在 MWC 中的燃烧条件，可能会排放以下污染物：

- PM
- 金属（固态 PM、Hg 除外）
- 酸性气体（HCl、SO_2）
- CO
- NO_x
- 有毒有机物（尤其是 CDD/CDF）

下文简述了每种污染物以及减少这些污染物排放到大气的控制方法。

1.3.1 颗粒物

MWC 焚烧炉的 PM 排放量取决于垃圾的特性、燃烧炉设计结构的物理性质和燃烧炉的操作。正常燃烧条件下，MSW 中无机物和不可燃成分形成的固体飞灰颗粒逸散到烟气中。这些颗粒大部分被设施的 APCD 捕获，不会排放到大气中。

颗粒物的直径大小相差很大，一般在一到几百微米之间不等。由于会被人体吸入肺部，因此直径小于 10 μm 的细颗粒物（PM_{10}）受到的关注日益增加。而且，酸性气体、金属和有毒有机物更容易吸附在这种大小的颗粒表面。MWC 的 NSPS 和 EG 中规定的是总 PM，而 PM_{10} 是州实施方案的关注焦点，并且是在涉及环境 PM 浓度时才会用到。本章出现的 PM 代表 EPA Reference Method 5 测量的总 PM。

APCD 入口处的 PM 排放水平会根据焚烧炉设计结构、空气分布和垃圾特性的不同而变化。例如，焚烧炉一次风/燃尽风比率或过量空气水平越高，夹带的 PM 数量就越多，APCD 入口处的 PM 水平也越高。对于装有多回程锅炉（可改变烟气流的方向）的焚烧炉，一部分 PM 会在进入 APCD 之前被清除。垃圾的物理特性和进料方法也会影响烟气中的 PM 水平。RDF 焚烧炉是悬浮进料，因此夹带的

PM 较多。但由于 APCD 能够高效收集 PM，因此垃圾衍生燃料厂排放的可控 PM 数量与其他 MWC（如 MB/WW）相差不大。

1.3.2 金属

很多种 MSW 组分中都包含金属，如纸张、新闻用纸、庭院垃圾、木材、电池和金属罐。MSW 中的金属随 PM 一起从 MWC 排放（如 As、Cd、Cr 和 Pb）或作为蒸汽排放（如 Hg）。由于 MSW 成分多样，因此金属浓度相差很大，基本取决于焚烧炉的类型。如果金属能在蒸汽压力下冷凝在烟气中的颗粒表面，那么就可以通过 PM 控制设备有效清除。除 Hg 外，大多数金属的蒸汽压力都很低，足够几乎全部的金属冷凝。因此，PM 控制设备一般可清除 98%以上的金属。另外，Hg 在 APCD 常规工作温度下蒸汽压力很高，PM 控制设备的捕获量相差很多。飞灰中的碳含量会影响 Hg 控制等级。飞灰中碳含量高能够促使 Hg 吸附在颗粒表面，从而通过 PM 控制设备清除。

1.3.3 酸性气体

MSW 焚烧产生的酸性气体主要是 HCl 和 SO_2，还会产生氟化氢（HF）、溴化氢（HBr）和三氧化硫（SO_3），但浓度低很多。HCl 和 SO_2 在 MWC 烟气中的浓度与垃圾中氯和硫的含量密切相关。季节和地区不同，垃圾中氯和硫的含量差异很大。MWC 的 SO_2 和 HCl 排放量取决于硫和氯在垃圾中的化学形式、碱性物质在焚烧生成的飞灰中能否用作吸收剂以及所用排放控制系统的类型。姑且认为酸性气体浓度与燃烧条件相关。MSW 中氯的主要来源是纸张和塑料。MSW 的很多成分中都含有硫，如沥青瓦、石膏墙板和轮胎。由于 RDF 处理过程一般不影响可燃物在垃圾燃料中的分布，因此全量焚烧炉和 RDF 焚烧炉的 HCl 和 SO_2 浓度相差不多。

1.3.4 一氧化碳

如果垃圾中的碳没有完全氧化为二氧化碳（CO_2），就会产生一氧化碳排放物。CO 水平高表示燃烧气体与氧气（O_2）在高温下的混合时间不够充分，CO 无法转换为 CO_2。由于垃圾是在燃料层焚烧，因此会释放 CO、氢气（H_2）和未燃尽的碳氢化合物。补充的空气与燃料中逸散的气体反应，将 CO 和 H_2 转换为 CO_2 和 H_2O。燃烧区补充的空气过多会降低局部气体温度并淬冷（延迟）氧化反应。如果补充的空气过少，则可能导致混合更加不充分，更多的未燃尽碳氢化合物从炉中排出。补充空气过多或过少都会导致 CO 排放量增加。

不同焚烧炉类型的 O_2 水平和空气分布存在差异，不同焚烧炉类型的 CO 水平也就存在差异。例如，由于焚烧炉低温区域掺杂了未充分燃烧的物质，或是由于燃料供给特点导致燃烧不稳定，因此半悬浮 RDF 焚烧炉通常比全量焚烧炉的 CO 水平高。

一氧化碳浓度是焚烧效率的最佳检测标准，也是检测燃烧过程是否稳定均匀的重要依据。燃烧环境不稳定，可用的含碳物质会更多，并且会生成更多的 CDD/CDF 和有机有害空气污染物。对应恶劣的燃烧条件，CDD/CDF 排放量与 CO 之间的关系表明，CO 水平（体积分数）高，通常 CDD/CDF 排放量也多。而 CO 水平低时，CO 和 CDD/CDF 之间的关系并未明确定义（因为很多机制都会生成 CDD/CDF），但一般来说 CDD/CDF 排放量也会较少。

1.3.5 氮氧化物

氮氧化物是所有燃料/空气燃烧过程的产物。一氧化氮（NO）是 NO_x 的主要组成部分，二氧化氮（NO_2）和一氧化二氮（N_2O）也占一小部分。这些化合物统称为 NO_x。氮氧化物是燃烧过程中通过以下方式形成的：（1）垃圾中氮的氧化；（2）大气氮的固定。垃圾中氮的转化出现在温度相对较低时［低于 1 090℃（2 000℉）］，而大气氮的固化出现在温度较高时。由于 MWC 焚烧炉的运行温度相对较低，因此形成的 NO_x 中 70%～80%都与垃圾中的氮有关系。

1.3.6 有机化合物

有机化合物有的是原本就存在于 MSW 中，有的是燃烧和二次燃烧过程中生成的，其中包括 CDD/CDF、氯苯（CB）、多氯联苯（PCBs）、氯酚（CP）和多环芳烃（PAH）。烟气中的有机物能够以气相存在，也能够冷凝或吸附在细颗粒物表面。焚烧炉和 APCD 的设计结构和操作都很得当就可以完成对有机物的控制。

基于可能存在的健康隐患，对 CDD/CDF 进行了很多调查研究和监督活动。

由于毒性等级，特别需要注意的是四到八同族体组中 CDD/CDF 的等级，以及这些同族体组内氯原子在 2 号位、3 号位、7 号位和 8 号位取代的特定同分异构体。如前所述，MWC 的 NSPS 和 EG 规定了总体四到八 CDD/CDF。

1.4 控制[8-10]

MWC 排放用到了很多种控制技术。对 PM 以及吸附在 PM 表面的金属的控制，通常使用 ESP 或织物过滤器（Fabric Filter，FF）。虽然也可以使用其他 PM 控制技术（如旋风分离器、电气化砾石床和文丘里洗涤器），但目前焚烧炉中很少使用这些技术，日后估计也不常用到。对酸性气体排放物（如 SO_2 和 HCl）的控制，最常见的方法是先使用酸性气体控制技术（如喷雾干燥法或干式吸收剂喷射），然后使用 PM 高效控制设备。某些设施还是用湿式洗涤器对酸性气体进行控制。预计今后在美国的 MWC 系统中，干式控制技术（喷雾干燥法和干式吸收剂喷射）会比湿式洗涤器的应用更加广泛。下文将详细讲述这些控制技术。

1.4.1 静电除尘器

静电除尘器由高压（20～100 kV）放电电极和接地金属板组成，充满 PM 的烟气从中流过。高压电场形成的负电荷离子（称为“电晕”）附着到烟气中的 PM 上，引起带电粒子向接地板表面漂移，然后沉积在接地板上。MWC 最常用的 ESP 类型为：（1）线板式，即放电电极是底部加重或刚性导线；（2）平板式，即使用平板而不是导线作为放电电极。

一般而言，集尘极板面积越大，ESP 的 PM 除尘效率越高。带电粒子收集到接地板后，产生的粉尘层通过振打、清洗或其他方法从接地板脱落，收集到灰斗中。粉尘层脱离时，一部分收集到的 PM 会再逸散到烟气中。为了确保接地板清洗和电紊乱过程中的 PM 除尘效率，ESP 沿着烟气流的方向串联了几个能够独立供能和清洗的电场。粉尘层从一个电场脱落时再逸散的颗粒可以在下游电场再次收集。由于这种现象，因此电场数量越多，PM 除尘效率通常也就越高。

一般来说，小颗粒比大颗粒的漂移速度慢，因此更加难以收集。这个因素对 MWC 尤为重要，因为大量全飞灰的直径都小于 1 μm。煤粉焚烧炉只有 1%～3%

的飞灰直径小于 1 μm，相比较而言，MWC 的 PM 控制设备出口处有 20%～70%的飞灰直径小于 1 μm。因此，要对 MWC 的 PM 进行有效除尘，就需要比其他焚烧炉集尘面积大、烟气流速慢。

ESP 的比集尘面积（Specific Collection Area，SCA）常常会用作集尘效率的近似指标。SCA 的计算方法是用集尘板面积除以烟气流量，即每平方米上 304.8 m^2/min（每平方英尺上 1 000 英尺 ^{2}/min）烟气量。一般来说，SCA 越大，除尘效率越高。新型 MWC 上大多数 ESP 的 SCA 范围在 400～600。估算装有 ESP 的 MWC 的排放量时，ESP 的 SCA 应考虑在内。并非所有 ESP 的设计结构都相同，不同的 ESP，性能也不一样。

1.4.2 织物过滤器

织物过滤器也用于 PM 和金属的控制，尤其常与酸性气体控制和烟气冷却配合使用。烟气通过缝制成圆柱形口袋的多孔织物时，织物过滤器（也称为“袋滤室”）将 PM 清除。多个过滤袋单独安装在建好的隔间中。完整的 FF 由 4～16 个可以独立操作的单独隔间组成。

烟气流经过滤袋时，颗粒被收集到滤袋表面，主要是通过惯性碰撞。收集到的颗粒在滤袋上逐步增多，形成滤饼。随着滤饼厚度的增加，经过滤袋的压降也会增大。一旦指定隔间中经过滤袋的压降过大，隔间就会下线和机械清洗，然后放回原位在线使用。

织物过滤器的各种清洗机理之间一般有所差异。常用的两种过滤器清洗机理为：逆风式和脉冲式。逆风式 FF 是烟气流过无支撑的滤袋，颗粒被阻留在滤袋内侧表面上，然后颗粒逐步增多形成滤饼。一旦经过滤饼的压降过大，空气就会反向吹过过滤器，滤袋塌陷，滤饼就会脱落被收集起来。脉冲式 FF 是烟气流过有支撑的滤袋，颗粒被阻留在滤袋外侧表面上。要清除颗粒滤饼，压缩空气以脉冲的方式经过滤袋内侧，滤袋随着脉冲波形膨胀塌陷，滤饼就会脱落被收集起来。

1.4.3 喷雾干燥法

在美国，喷雾干燥器（Spray Dryer，SD）是最常用的酸性气体控制技术。与 ESP 或 FF 配合使用，可以对 MWC 排放的 CDD/CDF、PM（与金属）、SO_2 和 HCl

进行控制。喷雾干燥器/织物过滤器系统比 SD/ESP 系统常见，常用于新式的大型 MWC。喷雾干燥过程中，石灰浆液通过旋转式雾化器或双流体喷嘴喷入 SD。浆液中的水分蒸发使烟气冷却，石灰与酸性气体反应生成钙盐（可由 PM 控制设备清除）。SD 的作用是在干燥产物脱离 SD 吸收剂容器之前为其提供充足的接触和停留时间。在吸收剂容器中的停留时间通常为 10～15 s。脱离 SD 的颗粒包括飞灰、钙盐、水和未反应的熟石灰。

对SD性能影响最大的关键设计结构和操作参数是SD出口温度以及石灰与酸性气体的化学当量比。SD出口是否接近饱和温度由石灰浆液中的含水量控制。比饱和温度低得越多，酸性气体的清除效率越高。但也必须达到一定温度，才能确保石灰浆液和反应产物在被 PM 控制设备收走之前充分干燥。对于包含大量氯的 MWC 烟气，需要将 SD 出口温度控制在最低［115℃（240℉）］，才能防止 PM 结块，并在吸收剂的作用下形成氯化钙。SD 的出口气体温度通常为 140℃（285℉）左右。

化学当量比就是实际钙量（填入 SD 的石灰浆液中所含）除以理论钙量（与烟气入口的 HCl 和 SO_2 完全反应所需）所得的摩尔比。当量比为 1.0，表示钙的摩尔数等于入口 HCl 和 SO_2 的摩尔数。但由于传质限制、混合不完全、反应速度不同（SO_2 比 HCl 反应速度慢），实际填入 SD 的石灰比理论用量要多。SD 中使用的化学当量比是会变化的，这取决于酸性气体需要减少的数量、烟气在 SD 出口的温度以及所用 PM 控制设备的类型。只要不出现性能严重降低，填入的石灰足够与峰值浓度的酸性气体反应。在石灰浆液进料系统和喷雾嘴没有发生堵塞的情况下，浆液中的石灰含量一般为 10%（按质量计），但不得超过 30%（按质量计）。

1.4.4 干式吸收剂喷射

干式吸收剂喷射技术已初步开发，用来控制酸性气体的排放，但与烟气冷却及 ESP 或 FF 结合使用时，还可以控制 MWC 的 CDD/CDF 和 PM 排放。干式吸收剂喷射技术主要包括两类。应用最广的方法称为烟道喷射（Duct Sorbent Injection，DSI），就是将干碱吸收剂喷入焚烧炉出口下游和 PM 控制设备上游的烟气中。另一种方法称为炉内喷钙（Furnace Sorbent Injection，FSI），就是将吸收剂直接喷入焚烧炉中。

在 DSI 方法中，粉状吸收剂在空气作用下喷入单独的反应容器或一段烟气管道（位于焚烧炉省煤器或骤冷塔下游)。吸收剂中的强碱（一般是钙或钠）与 HCl、HF 及 SO_2 反应生成碱盐[如氯化钙($CaCl_2$)、氟化钙(CaF_2)和亚硫酸钙($CaSO_3$)]。降低烟气的含酸度，使下游设备可以在低温下运行，同时减少设备可能的酸腐蚀。固体反应产物、飞灰和未反应的吸收剂由 ESP 或 FF 收集。

酸性气体 DSI 法的清除效率取决于吸收剂的喷射方式、烟气温度、吸收剂类型和进料速度以及吸收剂与烟气的混合程度。并非所有 DSI 的设计结构都相同，不同的 DSI，性能也不一样。吸收剂喷入点的烟气温度范围在 150～320℃（300～600℉），这取决于使用的吸收剂和工艺过程的设计。已成功进行测试的吸收剂包括氢氧化钙［$Ca(OH)_2$］、碳酸钠（Na_2CO_3）和碳酸氢钠（$NaHCO_3$）。基于已发布的氢氧化钙数据，某些 DSI 系统的清除效率与 SD 系统相差无几，但性能有所下降。

烟气冷却与 DSI 结合使用，可以通过蒸汽冷凝并吸附到吸收剂表面来提高 CDD/CDF 去除率。冷却还可以减少有效的烟气流量和降低单个粒子的电阻率，这有助于 PM 的控制。

在炉内喷钙方法中，粉状碱吸收剂（石灰或石灰石）喷入焚烧炉的炉膛部分。这个操作可以通过在燃尽风中加入吸收剂、通过单独端口喷射或供料给焚烧炉之前与垃圾混合来完成。与 DSI 方法一样，反应产物、飞灰和未反应的吸收剂由 ESP 或 FF 收集。

FSI 与 DSI 的化学反应过程基本相似，都是吸收剂与酸性气体反应生成碱盐，但关键的区别有以下几点：第一，吸收剂直接喷入炉膛[在 870～1 200℃（1 600～2 200℉）的温度下]，石灰石就会在焚烧炉中煅烧形成活性更高的石灰，因此可以使用价格比较便宜的石灰石作为吸收剂。第二，在上述温度下，SO_2 与石灰在焚烧炉中反应，这样就提供了一种机制，使 SO_2 可以在吸收剂进料速度相对较低的情况下有效清除。第三，吸收剂喷入炉膛而不是下游烟道，这样吸收剂与酸性气体的混合与反应的时间更多。第四，如果在烟气排出焚烧炉之前就清除了很大一部分 HCl，就可以减少 CDD/CDF 在烟气管道后半段的形成。但在高于 760℃（1 400℉）的温度下，HCl 与石灰不会相互反应，这是焚烧炉对流段的烟气温度。

因此，使用 FSI 比使用 DSI 清除的 HCl 要少。FSI 方法可能会有一些缺点，如喷射的吸收剂会造成对流传热表面的积垢和腐蚀。

1.4.5 湿式洗涤器

MWC 酸性气体的排放控制用到了很多类型的湿式洗涤器，其中包括喷雾塔、离心式洗涤器和文丘里洗涤器。湿式洗涤技术主要在日本和欧洲使用，美国的很多新建的 MWC 将来会使用这类酸性气体控制系统也未可知。湿式洗涤过程一般是烟气先经过 ESP 减少 PM，然后进入一级或二级吸收器装置。对于单级洗涤器，烟气与碱性洗涤液反应，同时清除 HCl 和 SO_2。对于两级洗涤器，碱性 SO_2 洗涤器上游安装了 pH 值较低的水洗塔，用来清除 HCl。碱性溶剂（通常包含氢氧化钙）与酸性气体反应生成不溶性盐（可以按澄清、浓缩和真空过滤的顺序进行清除），然后对脱水盐或沉淀物进行处理。

1.4.6 氮氧化物控制技术

NO_x 排放物的控制可以通过燃烧控制或附加控制来完成。燃烧控制包括分级燃烧、低过量空气（Low Excess Air，LEA）和烟气再循环（Flue Gas Recirculation，FGR）。已在 MWC 上进行过测试的附加控制包括选择性非催化还原（Selective Noncatalytic Reduction，SNCR）、选择性催化还原（Selective Catalytic Reduction，SCR）和天然气再燃。

燃烧控制就是控制温度或 O_2 减少 NO_x 的形成。LEA 就是提供少量空气，使燃烧空气中可用于与 N_2 反应的 O_2 供应量降低。分级燃烧就是减少一次风的量，生成缺乏空气的区域。FGR 就是冷却的烟气与周围环境的空气混合形成燃烧空气，混合后会减少燃烧空气供给的 O_2 含量并降低燃烧温度。由于 MWC 中的燃烧温度下降，燃料中的氮经过氧化形成 NO_x，因此，与高温燃烧设备（如化石燃料锅炉）相比，MWC 的燃烧改良对 NO_x 减排作用不大。

SNCR 是将氨气（NH_3）或尿素与化学添加剂一起喷入炉膛，从而达到在不使用催化剂的情况下将 NO_x 还原为 N_2 的目的。基于美国装有 SNCR 的 MWC 的数据分析，NO_x 的还原可达 45%。

SCR 是将 NH_3 喷入锅炉下游的烟气，与烟气中的 NO_x 混合并经过催化剂床层，

然后 NO_x 与 NH_3 反应还原为 N_2。这种技术尚未在美国的 MWC 中应用，但已在日本和德国的 MWC 上广泛使用。据观察，NO_x 的还原高达 80%，但随着时间的推移，催化剂中毒和失活等问题可能导致性能下降。

天然气再燃是对生成 LEA 区域的燃烧空气的量进行限制，然后向这个 LEA 区域添加再循环烟气和天然气，形成富燃料区域，从而抑制 NO_x 的形成并促使 NO_x 还原为 N_2。天然气再燃技术在中试规模和生产性应用中都进行了评估，NO_x 减少量为 50%～60%。

1.5 汞的控制[11-14]

与其他金属不同，Hg 在 APCD 常规操作温度下是以蒸气形态存在的，因此，APCD 中 Hg 的收集具有很大的不确定性。影响 Hg 排放控制的因素包括 PM 控制得当、APCD 系统中温度较低以及飞灰中碳的等级充足。飞灰中碳含量高能够促使 Hg 吸附在 PM 表面，从而通过 PM 控制设备清除。要防止 Hg 挥发，必须低温（一般低于 300～400℉）运行控制设备。

美国、加拿大、欧洲和日本的垃圾焚烧炉使用了一些 Hg 的控制技术，其中包括：进入 DSI 或 SD 酸性气体控制系统之前在烟气中喷入活性炭或硫化钠（Na_2S），或者使用活性炭过滤器。

如果是喷射活性炭，那么 Hg 吸附在碳颗粒的表面上，然后在 PM 控制设备中被捕获。在美国，对 MWC 使用活性炭喷射的测试程序表明，Hg 的清除效率为 50%～95%，这取决于碳的进料速度。

硫化钠喷射是指进入酸性气体控制设备之前在冷却的烟气中喷入 Na_2S 溶液。固体硫化汞从 Na_2S 与 Hg 的反应物中沉淀，然后在 PM 控制设备中收集。对欧洲和加拿大 MWC 的测试结果表明，清除效率为 50%～90%。但是，由于欧洲和加拿大使用的分析程序可能会有所疏漏，因此美国的 MWC 测试对此技术的效率提出了质疑。

固定床活性炭过滤器是在欧洲使用的另一种 Hg 控制技术。这种技术是烟气经过颗粒活性炭固定床来吸收 Hg。床层部分要在系统压降增加时定期更换。

1.6 排放物数据[15-121]

表 1-1 至表 1-9 列出了 MWC 的排放因子。这些表用于不同的焚烧炉类型（如 MB/WW、RDF），包括基于各种 APCD 类型（如 ESP、SD/FF）未控制（进入任何污染物控制设备之前）水平和控制水平的排放因子。这个源类别的可用数据数量相当庞大，因此很多排放因子等级的质量都很高，但某些类别只获得了有限的数据，等级相应就会较低。在这些情况下，应参考针对 NSPS 和 EG 颁发的 EPA 背景资料文件（Background Information Documents，BID），这份文件的数据分析比 AP-42 更为详尽，同时讲述了控制技术的性能能力和预期的排放水平。而且，使用 MWC 排放因子时，应谨记这些是平均值，MWC 排放量受垃圾成分影响很大，而且由于季节和地区的差异，不同设施的排放因子也不同。本节的 AP-42 背景报告包括各个设施的数据，代表焚烧炉/控制技术类别的范围。

使用排放因子时还有一点需要谨记，某些控制设备（特别是 ESP 和 DSI）的设计结构，并非所有性能能力都相同。ESP 和 DSI 排放因子是基于不同设施的数据，代表装有这两种控制设备的 MWC 的排放水平。要估算特定 ESP 或 DSI 系统的排放量，请参考与本节相关的 AP-42 背景报告或 NSPS 和 EG BID，获取这些设施的实际排放数据。进行风险评估以及确定清除效率时，也应使用这些文件。由于 AP-42 排放因子代表众多设计结构的平均值，未控制和控制排放水平通常不属于同步测试，不应当用于计算清除效率。

MWC 的排放因子根据浓度计算，用到的是 F 因子 0.26 干燥标准态立方米每焦耳（dry standard cubic meters per joule，dscm/J）[9 570 干燥标准态立方英尺每百万英热单位（British thermal unit，Btu）]，并假定 RDF 的垃圾热值为 12 792 J/g（5 500 Btu/lb），除 RDF 外所有焚烧炉的垃圾热值为 10 466 J/g（4 500 Btu/lb）。这些是 MWC 的平均值，特殊设施的垃圾热值可能会有所不同。如果遇到这种情况，可以通过以下方法调整各表中列出的排放因子：用排放因子乘以设施的实际热值，然后再除以假定热值（4 500 Btu/lb 或 5 500 Btu/lb，取决于焚烧炉类型）。另外，表 1-10 和表 1-11 分别列出了所有焚烧炉类型（RDF 除外）和 RDF 焚烧炉的浓度换算因子，用于开发更多特定排放因子或与标准极限进行对比。

表 1-1 （SI 制）全量焚烧炉和模块化过量空气焚烧炉的颗粒物、金属和酸性气体排放因子[a, b]

污染物	未控制		ESP[c]		DSI/ESP[d]		SD/ESP[e]		DSI/FF[f]		SD/FF[g]	
	kg/Mg	排放因子等级	kg/Mg	排放因子等级	kg/Mg	排放因子等级	kg/Mg	排放因子等级	kg/Mg	排放因子等级	kg/Mg	排放因子等级
PM[h]	1.26×10	A	1.05×10^{-1}	A	2.95×10^{-2}	E	3.52×10^{-2}	A	8.95×10^{-2}	A	3.11×10^{-2}	A
As[j]	2.14×10^{-3}	A	1.09×10^{-5}	A	ND[k]	E	6.85×10^{-6}	A	5.15×10^{-6}	C	2.12×10^{-5}	A
Cd[j]	5.45×10^{-3}	A	3.23×10^{-4}	B	4.44×10^{-5}	E	3.76×10^{-6}	A	1.17×10^{-5}	C	1.36×10^{-5}	A
Cr[j]	4.49×10^{-3}	A	5.65×10^{-5}	B	1.55×10^{-5}	E	1.30×10^{-4}	A	1.00×10^{-4}	C	1.50×10^{-5}	A
Hg[j]	2.8×10^{-3}	A	2.8×10^{-3}	A	1.98×10^{-3}	E	1.63×10^{-3}	A	1.10×10^{-3}	C	1.10×10^{-3}	A
Ni[j]	3.93×10^{-3}	A	5.60×10^{-5}	B	1.61×10^{-3}	E	1.35×10^{-4}	A	7.15×10^{-5}	C	2.58×10^{-5}	A
Pb[j]	1.07×10^{-1}	A	1.50×10^{-3}	A	1.45×10^{-3}	E	4.58×10^{-4}	A	1.49×10^{-4}	C	1.31×10^{-4}	A
SO_2	1.73	A	ND	NA	4.76×10^{-1}	C	3.27×10^{-1}[m]	A	7.15×10^{-1}	C	2.77×10^{-1}[m]	A
HCl[j]	3.20	A	ND	NA	1.39×10^{-1}	C	7.90×10^{-2}[m]	A	3.19×10^{-1}	C	1.06×10^{-1}[m]	A

[a] 所有因子都是以 kg/Mg 焚烧废品表示。排放因子根据浓度计算，用到的是 F 因子 0.26 dscm/J 与热值 10 466 J/g。其他热值可以用排放因子乘以新热值再除以 10 466 J/g 代替。源分类代码为 5-01-001-04、5-01-001-05、5-01-001-06、5-01-001-07、5-03-001-11、5-03-001-12、5-03-001-13、5-03-001-15。ND 表示无数据。NA 表示不适用。

[b] 排放因子应当用于估算长期、非短期的排放水平。这对用烟气排放连续监测系统检测的污染物（如 SO_2）尤为适用。

[c] ESP 表示静电除尘器。

[d] DSI/ESP 表示烟道喷射/静电除尘器。

[e] SD/ESP 表示喷雾干燥器/静电除尘器。

[f] DSI/FF 表示烟道喷射/织物过滤器。

[g] SD/FF 表示喷雾干燥器/织物过滤器。

[h] PM 表示滤过性颗粒物，使用 EPA Reference Method 5 检测。

[j] 有害空气污染物在《清洁空气法》中列出。

[k] 等级高于检测极限时无可用数据。

[m] 装有 SD/ESP 或 SD/FF 的 MWC 的酸性气体排放物基本相同，如有不同，则是由于数据分散造成的。

表 1-2 （英制）全量焚烧炉和模块化过量空气焚烧炉的颗粒物、金属和酸性气体排放因子[a, b]

污染物	未控制		ESP[c]		DSI/ESP[d]		SD/ESP[e]		DSI/FF[f]		SD/FF[g]	
	lb/ton	排放因子等级	lb/ton	排放因子等级	lb/ton	排放因子等级	lb/ton	排放因子等级	lb/ton	排放因子等级	lb/ton	排放因子等级
PM[h]	2.51×10	A	2.10×10^{-1}	A	5.90×10^{-2}	E	7.03×10^{-2}	A	1.79×10^{-1}	A	6.20×10^{-2}	A
As[j]	4.37×10^{-3}	A	2.17×10^{-5}	A	ND[k]	E	1.37×10^{-5}	A	1.03×10^{-5}	C	4.23×10^{-6}	A
Cd[j]	1.09×10^{-2}	A	6.46×10^{-4}	B	8.87×10^{-5}	E	7.51×10^{-5}	A	2.34×10^{-5}	C	2.71×10^{-5}	A
Cr[j]	8.97×10^{-3}	A	1.13×10^{-4}	B	3.09×10^{-5}	E	2.59×10^{-4}	A	2.00×10^{-4}	C	3.00×10^{-5}	A
Hg[j]	5.6×10^{-3}	A	5.6×10^{-3}	A	3.96×10^{-3}	E	3.26×10^{-3}	A	2.20×10^{-3}	C	2.20×10^{-3}	A
Ni[j]	7.85×10^{-3}	A	1.12×10^{-4}	B	3.22×10^{-5}	E	2.70×10^{-4}	A	1.43×10^{-4}	C	5.16×10^{-5}	A
Pb[j]	2.13×10^{-1}	A	3.00×10^{-3}	A	2.90×10^{-3}	E	9.15×10^{-4}	A	2.97×10^{-4}	C	2.61×10^{-4}	A
SO_2	3.46	A	ND	NA	9.51×10^{-1}	C	6.53×10^{-1}[m]	A	1.43	C	5.54×10^{-1}[m]	A
HCl[j]	6.40	A	ND	NA	2.78×10^{-1}	C	4.58×10^{-1}[m]	A	6.36×10^{-1}	C	2.11×10^{-1}[m]	A

[a] 所有因子都是以 lb/ton 焚烧废品表示。排放因子根据浓度计算，用到的是 *F* 因子 9 570 dscf/MBtu 与热值 4 500 Btu/lb。其他热值可以用排放因子乘以新热值再除以 4 500 Btu/lb 代替。源分类代码为 5-01-001-04、5-01-001-05、5-01-001-06、5-01-001-07、5-03-001-11、5-03-001-12、5-03-001-13、5-03-001-15。ND 表示无数据。NA 表示不适用。

[b] 排放因子应当用于估算长期、非短期的排放水平。这对用烟气排放连续监测系统检测的污染物（如 SO_2）尤为适用。

[c] ESP 表示静电除尘器。

[d] DSI/ESP 表示烟道喷射/静电除尘器。

[e] SD/ESP 表示喷雾干燥器/静电除尘器。

[f] DSI/FF 表示烟道喷射/织物过滤器。

[g] SD/FF 表示喷雾干燥器/织物过滤器。

[h] PM 表示滤过性颗粒物，使用 EPA Reference Method 5 检测。

[j] 有害空气污染物在《清洁空气法》中列出。

[k] 等级高于检测极限时无可用数据。

[m] 装有 SD/ESP 或 SD/FF 的 MWC 的酸性气体排放物基本相同，如有不同，则是由于数据分散造成的。

表 1-3 （SI 制）水冷壁全量焚烧炉的有机物、氮氧化物、一氧化碳和二氧化碳排放因子[a, b]

污染物	未控制		ESP[c]		SD/ESP[d]		DSI/FF[e]		SD/FF[f]	
	kg/Mg	排放因子等级	kg/Mg	排放因子等级	kg/Mg	排放因子等级	kg/Mg	排放因子等级	kg/Mg	排放因子等级
CDD/CDF[g]	8.35×10^{-7}	A	5.85×10^{-7}	A	3.11×10^{-7}	A	8.0×10^{-8}	C	3.31×10^{-8}	A
NO_x[h]	1.83	A	*		*		*		*	
CO[h]	2.32×10^{-1}	A	*		*		*		*	
CO_2[j]	9.85×10^{2}	D	*		*		*		*	

[a]所有因子都是以kg/Mg焚烧废品表示。排放因子根据浓度计算，用到的是*F*因子0.26 dscm/J与热值10 466 J/g。其他热值可以用排放因子乘以新热值再除以10 466 J/g代替。源分类代码为5-01-001-05、5-03-001-12。*表示与这些污染“未控制”的项相同。

[b]排放因子应当用于估算长期、非短期的排放水平。这对用烟气排放连续监测系统检测的污染物（如CO、NO_x）尤为适用。

[c] ESP 表示静电除尘器。

[d] SD/ESP 表示喷雾干燥器/静电除尘器。

[e] DSI/FF 表示烟道喷射/织物过滤器。

[f] SD/FF 表示喷雾干燥器/织物过滤器。

[g] CDD/CDF 表示全部四到八氯代二苯并二噁英/氯代二苯并呋喃、2,3,7,8-四氯二苯并二噁英以及二苯并呋喃均为《清洁空气法》中列出的有害空气污染物。

[h] NO_x和CO的控制与传统酸性气体/PM控制设备无关。

[j]按进料废品的干燥碳含量假定为26.8%计算[126, 135]。生成的CO_2会被再生的生物量抵消，因此这种燃烧源排放的CO_2不会造成大气中CO_2总量的增加。

表 1-4 （英制）水冷壁全量焚烧炉的有机物、氮氧化物、一氧化碳和二氧化碳排放因子[a, b]

污染物	未控制		ESP[c]		SD/ESP[d]		DSI/FF[e]		SD/FF[f]	
	lb/ton	排放因子等级	lb/ton	排放因子等级	lb/ton	排放因子等级	lb/ton	排放因子等级	lb/ton	排放因子等级
CDD/CDF[g]	1.67×10^{-6}	A	1.17×10^{-6}	A	6.21×10^{-7}	A	1.60×10^{-7}	C	6.61×10^{-8}	A
NO_x[h]	3.56	A	*		*		*		*	
CO[h]	4.63×10^{-1}	A	*		*		*		*	
CO_2[j]	1.97×10^{3}	D	*		*		*		*	

[a] 所有因子都是以 lb/ton 焚烧废品表示。排放因子根据浓度计算，用到的是 *F* 因子 9 570 dscf/MBtu 与热值 4 500 Btu/lb。其他热值可以用排放因子乘以新热值再除以 4 500 Btu/lb 代替。源分类代码为 5-01-001-05、5-03-001-12。*表示与这些污染“未控制”的项相同。

[b] 排放因子应当用于估算长期、非短期的排放水平。这对用烟气排放连续监测系统检测的污染物（如 CO、NO_x）尤为适用。

[c] ESP 表示静电除尘器。

[d] SD/ESP 表示喷雾干燥器/静电除尘器。

[e] DSI/FF 表示烟道喷射/织物过滤器。

[f] SD/FF 表示喷雾干燥器/织物过滤器。

[g] CDD/CDF 表示全部四到八氯代二苯并二噁英/氯代二苯并呋喃、2,3,7,8-四氯二苯并二噁英以及二苯并呋喃均为《清洁空气法》（1990 年颁布）中列出的有害空气污染物。

[h] NO_x 和 CO 的控制与传统酸性气体/PM 控制设备无关。

[j] 按进料废品的干燥碳含量假定为 26.8%计算[126, 135]。生成的 CO_2 会被再生的生物量抵消，因此这种燃烧源排放的 CO_2 不会造成大气中 CO_2 总量的增加。

表 1-5 （SI 制和英制）旋转式水冷壁全量焚烧炉的有机物、氮氧化物、一氧化碳和二氧化碳排放因子[a, b]

污染物	未控制			ESP[c]			DSI/FF[d]			SD/FF[e]		
	kg/Mg	lb/ton	排放因子等级	kg/Mg	lb/ton	排放因子等级	kg/Mg	lb/ton	排放因子等级	kg/Mg	lb/ton	排放因子等级
CDD/CDF[f]	ND	ND	NA	ND	ND	NA	4.58×10^{-8}	9.16×10^{-8}	D	2.66×10^{-8}	5.31×10^{-8}	B
NO_x[g]	1.13	2.25	E	*	*		*	*		*	*	
CO[g]	3.83×10^{-1}	7.66×10^{-1}	C	*	*		*	*		*	*	
CO_2[h]	9.85×10^{2}	1.97×10^{3}	D	*	*		*	*		*	*	

[a] 排放因子根据浓度计算，用到的是 *F* 因子 0.26 dscm/J（9 570 dscf/MBtu）与热值 10 466 J/g（4 500 Btu/lb）。其他热值可以用排放因子乘以新热值再除以 10 466 J/g（4 500 Btu/lb）代替。源分类代码为 5-01-001-06、5-03-001-13。ND 表示无数据。NA 表示不适用。*表示与这些污染“未控制”的项相同。

[b] 排放因子应当用于估算长期、非短期的排放水平。这对用烟气排放连续监测系统检测的污染物（如 CO、NO_x）尤为适用。

[c] ESP 表示静电除尘器。

[d] DSI/FF 表示烟道喷射/织物过滤器。

[e] SD/FF 表示喷雾干燥器/织物过滤器。

[f] CDD/CDF 表示全部四到八氯代二苯并二噁英/氯代二苯并呋喃、2,3,7,8-四氯二苯并二噁英以及二苯并呋喃均为《清洁空气法》中列出的有害空气污染物。

[g] NO_x 和 CO 的控制与传统酸性气体/PM 控制设备无关。

[h] 按进料废品的干燥碳含量假定为 26.8%计算[126, 135]。生成的 CO_2 会被再生的生物量抵消，因此这种燃烧源排放的 CO_2 不会造成大气中 CO_2 总量的增加。

表 1-6 （SI 制和英制）耐火墙全量焚烧炉的有机物、氮氧化物、一氧化碳和二氧化碳排放因子[a, b]

污染物	未控制			ESP[c]			DSI/ESP[d]		
	kg/Mg	lb/ton	排放因子等级	kg/Mg	lb/ton	排放因子等级	kg/Mg	lb/ton	排放因子等级
CDD/CDF[e]	7.50×10^{-6}	1.50×10^{-5}	D	3.63×10^{-5}	7.25×10^{-5}	D	2.31×10^{-7}	4.61×10^{-7}	E
NO_x[f]	1.23	2.46	A	*	*		*	*	
CO[f]	6.85×10^{-1}	1.37	C	*	*		*	*	
CO_2[g]	9.85×10^{2}	1.97×10^{3}	D	*	*		*	*	

[a] 排放因子根据浓度计算，用到的是 F 因子 0.26 dscm/J（9 570 dscf/MBtu）与热值 10 466 J/g（4 500 Btu/lb）。其他热值可以用排放因子乘以新热值再除以 10 466 J/g（4 500 Btu/lb）代替。源分类代码为 5-01-001-04、5-03-001-11。*表示与这些污染“未控制”的项相同。

[b] 排放因子应当用于估算长期、非短期的排放水平。这对用烟气排放连续监测系统检测的污染物（如 CO、NO_x）尤为适用。

[c] ESP 表示静电除尘器。

[d] DSI/ESP 表示烟道喷射/静电除尘器。

[e] CDD/CDF 表示全部四到八氯代二苯并二噁英/氯代二苯并呋喃、2,3,7,8-四氯二苯并二噁英以及二苯并呋喃均为《清洁空气法》中列出的有害空气污染物。

[f] NO_x 和 CO 的控制与传统酸性气体/PM 控制设备无关。

[g] 按进料废品的干燥碳含量假定为 26.8%计算[126, 135]。生成的 CO_2 会被再生的生物量抵消，因此这种燃烧源排放的 CO_2 不会造成大气中 CO_2 总量的增加。

表 1-7 （SI 制和英制）模块化过量空气焚烧炉的有机物、氮氧化物、一氧化碳和二氧化碳排放因子[a, b]

污染物	未控制			ESP[c]			DSI/FF[d]		
	kg/Mg	lb/ton	排放因子等级	kg/Mg	lb/ton	排放因子等级	kg/Mg	lb/ton	排放因子等级
CDD/CDF[e]	ND	ND	NA	1.11×10^{-6}	2.22×10^{-6}	C	3.12×10^{-8}	6.23×10^{-8}	E
NO_x[f]	1.24	2.47	A	*	*		*	*	
CO[f]	ND	ND	NA	*	*		*	*	
CO_2[g]	9.85×10^{2}	1.97×10^{3}	D	*	*		*	*	

[a] 排放因子根据浓度计算，用到的是 *F* 因子 0.26 dscm/J（9 570 dscf/MBtu）与热值 10 466 J/g（4 500 Btu/lb）。其他热值可以用排放因子乘以新热值再除以 10 466 J/g（4 500 Btu/lb）代替。源分类代码为 5-01-001-07、5-03-001-15。ND 表示无数据。NA 表示不适用。*表示与这些污染“未控制”的项相同。

[b] 排放因子应当用于估算长期、非短期的排放水平。这对用烟气排放连续监测系统检测的污染物（如 CO、NO_x）尤为适用。

[c] ESP 表示静电除尘器。

[d] DSI/FF 表示烟道喷射/织物过滤器。

[e] CDD/CDF 表示全部四到八氯代二苯并二噁英/氯代二苯并呋喃、2,3,7,8-四氯二苯并二噁英以及二苯并呋喃均为《清洁空气法》中列出的有害空气污染物。

[f] NO_x 和 CO 的控制与传统酸性气体/PM 控制设备无关。

[g] 按进料废品的干燥碳含量假定为 26.8%计算[126, 135]。生成的 CO_2 会被再生的生物量抵消，因此这种燃烧源排放的 CO_2 不会造成大气中 CO_2 总量的增加。

表 1-8 （SI 制和英制）垃圾衍生燃料焚烧炉排放因子[a, b]

污染物	未控制			ESP[c]			SD/ESP[d]			SD/FF[e]		
	kg/Mg	lb/ton	排放因子等级	kg/Mg	lb/ton	排放因子等级	kg/Mg	lb/ton	排放因子等级	kg/Mg	lb/ton	排放因子等级
PM[f]	3.48×10	6.96×10	A	5.17×10^{-1}	1.04	A	4.82×10^{-2}	9.65×10^{-2}	B	6.64×10^{-2}	1.33×10^{-1}	B
As[g]	2.97×10^{-3}	5.94×10^{-3}	B	6.7×10^{-5}	1.34×10^{-4}	D	5.41×10^{-6}	1.08×10^{-5}	D	2.59×10^{-6}[h]	5.17×10^{-6}[h]	A
Cd[g]	4.37×10^{-3}	8.75×10^{-3}	C	1.1×10^{-4}	2.2×10^{-4}	C	4.18×10^{-5}	8.37×10^{-5}	D	1.66×10^{-5}[h]	3.32×10^{-5}[h]	A
Cr[g]	6.99×10^{-3}	1.4×10^{-2}	B	2.34×10^{-4}	4.68×10^{-4}	D	5.44×10^{-5}	1.09×10^{-4}	D	2.04×10^{-5}	4.07×10^{-5}	D
Hg[g]	2.8×10^{-3}	5.5×10^{-3}	D	2.8×10^{-3}	5.5×10^{-3}	D	2.10×10^{-4}	4.20×10^{-4}	B	1.46×10^{-4}	2.92×10^{-4}	D
Ni[g]	2.18×10^{-3}	4.36×10^{-3}	C	9.05×10^{-3}	1.81×10^{-2}	D	9.64×10^{-5}	1.93×10^{-4}	D	3.15×10^{-5}[j]	6.3×10^{-5}[j]	A
Pb[g]	1×10^{-1}	2.01×10^{-1}	C	1.84×10^{-3}[h]	3.66×10^{-3}[h]	A	5.77×10^{-4}	1.16×10^{-3}	B	5.19×10^{-4}	1.04×10^{-3}	D
SO_2	1.95	3.90	C	ND	ND	NA	7.99×10^{-1}	1.60	D	2.21×10^{-1}	4.41×10^{-1}	D
HCl[g]	3.49	6.97	E	*	*		ND	ND	NA	2.64×10^{-2}	5.28×10^{-2}	C
NO_x[k]	2.51	5.02	A	*	*		*	*		*	*	
CO[k]	9.60×10^{-1}	1.92	A	*	*		*	*		*	*	
CO_2[m]	1.34×10^{3}	2.68×10^{3}	E	*	*		*	*		*	*	
CDD/CDF[n]	4.73×10^{-6}	9.47×10^{-6}	D	8.46×10^{-6}	1.69×10^{-5}	B	5.31×10^{-8}	1.06×10^{-7}	D	1.22×10^{-8}	2.44×10^{-8}	E

[a] 排放因子根据浓度计算，用到的是 *F* 因子 0.26 dscm/J（9 570 dscf/MBtu）与热值 12 792 J/g（5 500 Btu/lb）。其他热值可以用排放因子乘以新热值再除以 12 792 J/g（5 500 Btu/lb）代替。源分类代码为 5-01-001-03。ND 表示无数据。NA 表示不适用。*表示与这些污染“未控制”的项相同。

[b] 排放因子应当用于估算长期、非短期的排放水平。这对用烟气排放连续监测系统检测的污染物（如 SO_2、NO_x、CO）尤为适用。

[c] ESP 表示静电除尘器。

[d] SD/ESP 表示喷雾干燥器/静电除尘器。

[e] SD/FF 表示喷雾干燥器/织物过滤器。

[f] PM 表示总颗粒物，使用 EPA Reference Method 5 检测。

[g] 有害空气污染物在《清洁空气法》中列出。

[h] 此处的等级是在无检测等级限制的情况检测的，其中检测极限高于类似装备 MWC 中检测的等级。列出的排放因子是基于类似装备的全量焚烧炉和 MOD/EA 焚烧炉的排放水平。

[j] 无可用数据。列出的值是基于装有 SD/FF 的全量焚烧炉的排放水平。

[k] NO_x 和 CO 的控制与传统酸性气体/PM 控制设备无关。

[m] 基于单个设施的排放源测试[120]。生成的 CO_2 会被再生的生物量抵消，因此这种燃烧源排放的 CO_2 不会造成大气中 CO_2 总量的增加。

[n] CDD/CDF 表示全部四到八氯代二苯并二噁英/氯代二苯并呋喃、2,3,7,8-四氯二苯并二噁英以及二苯并呋喃均为《清洁空气法》中列出的有害空气污染物。

表 1-9 （SI 制和英制）模块化缺氧型焚烧炉排放因子[a, b]

污染物	未控制			ESP[c]		
	kg/Mg	lb/ton	排放因子等级	kg/Mg	lb/ton	排放因子等级
PM[d]	1.72	3.43	B	1.74×10^{-1}	3.48×10^{-1}	B
As[e]	3.34×10^{-4}	6.69×10^{-4}	C	5.25×10^{-5}	1.05×10^{-4}	D
Cd[e]	1.20×10^{-3}	2.41×10^{-3}	D	2.30×10^{-4}	4.59×10^{-4}	D
Cr[e]	1.65×10^{-3}	3.31×10^{-3}	C	3.08×10^{-4}	6.16×10^{-4}	D
Hg[e, f]	2.8×10^{-3}	5.6×10^{-3}	A	2.8×10^{-3}	5.6×10^{-3}	A
Ni[e]	2.76×10^{-3}	5.52×10^{-3}	D	5.04×10^{-4}	1.01×10^{-3}	E
Pb[e]	ND	ND	NA	1.41×10^{-3}	2.82×10^{-3}	C
SO_2	1.61	3.23	E	*	*	
HCl[e]	1.08	2.15	D	*	*	
NO_x[g]	1.58	3.16	B	*	*	
CO[g]	1.50×10^{-1}	2.99×10^{-1}	B	*	*	
CO_2[h]	9.85×10^{2}	1.97×10^{3}	D	*	*	
CDD/CDF[j]	1.47×10^{-6}	2.94×10^{-6}	D	1.88×10^{-6}	3.76×10^{-6}	C

[a] 排放因子根据浓度计算，用到的是 *F* 因子 0.26 dscm/J（9 570 dscf/MBtu）与热值 10 466 J/g（4 500 Btu/lb）。其他热值可以用排放因子乘以新热值再除以 10 466 J/g（4 500 Btu/lb）代替。源分类代码为 5-01-001-01、5-03-001-14。ND 表示无数据。NA 表示不适用。*表示与这些污染“未控制”的项相同。

[b] 排放因子应当用于估算长期、非短期的排放水平。这对用烟气排放连续监测系统检测的污染物（如 CO、NO_x）尤为适用。

[c] ESP 表示静电除尘器。

[d] PM 表示总颗粒物，使用 EPA Reference Method 5 检测。

[e] 有害空气污染物在《清洁空气法》中列出。

[f] Hg 的水平是基于全量焚烧炉、MOD/EA 焚烧炉和 MOD/SA 焚烧炉中检测的排放水平。

[g] NO_x 和 CO 的控制与传统酸性气体/PM 控制设备无关。

[h] 按进料废品的干燥碳含量假定为 26.8%计算[126, 135]。生成的 CO_2 会被再生的生物量抵消，因此这种燃烧源排放的 CO_2 不会造成大气中 CO_2 总量的增加。

[j] CDD/CDF 表示全部四到八氯代二苯并二噁英/氯代二苯并呋喃、2,3,7,8-四氯二苯并二噁英以及二苯并呋喃均为《清洁空气法》中列出的有害空气污染物。

表 1-10 所有焚烧炉（RDF 除外）的换算因子

除数	被除数	商[a]
对于 As、Cd、Cr、Hg、Ni、Pb 和 CDD/CDF：		
kg/Mg 废品	4.03×10^{-6}	μg/dscm
lb/ton 废品	8.06×10^{-6}	
对于 PM：		
kg/Mg 废品	4.03×10^{-3}	mg/dscm
lb/ton 废品	8.06×10^{-3}	
对于 HCl：		
kg/Mg 废品	6.15×10^{-3}	10^{-6}（体积分数）
lb/ton 废品	1.23×10^{-2}	
对于 SO_2：		
kg/Mg 废品	1.07×10^{-2}	10^{-6}（体积分数）
lb/ton 废品	2.15×10^{-2}	
对于 NO_x：		
kg/Mg 废品	7.70×10^{-3}	10^{-6}（体积分数）
lb/ton 废品	1.54×10^{-2}	
对于 CO：		
kg/Mg 废品	4.69×10^{-3}	10^{-6}（体积分数）
lb/ton 废品	9.4×10^{-3}	
对于 CO_2：		
kg/Mg 废品	7.35×10^{-3}	10^{-6}（体积分数）
lb/ton 废品	1.47×10^{-2}	

[a] O_2 为 7%的条件下。

表 1-11 垃圾衍生燃料焚烧炉换算因子

除数	被除数	商[a]
对于 As、Cd、Cr、Hg、Ni、Pb 和 CDD/CDF：		
kg/Mg 废品	4.92×10^{-6}	μg/dscm
lb/ton 废品	9.85×10^{-6}	
对于 PM：		
kg/Mg 废品	4.92×10^{-3}	mg/dscm
lb/ton 废品	9.85×10^{-3}	
对于 HCl：		
kg/Mg 废品	7.5×10^{-3}	10^{-6}（体积分数）
lb/ton 废品	1.5×10^{-2}	

除数	被除数	商[a]
对于 SO_2：		
kg/Mg 废品	1.31×10^{-2}	10^{-6}（体积分数）
lb/ton 废品	2.62×10^{-2}	
对于 NO_x：		
kg/Mg 废品	9.45×10^{-3}	10^{-6}（体积分数）
lb/ton 废品	1.89×10^{-2}	
对于 CO：		
kg/Mg 废品	5.75×10^{-3}	10^{-6}（体积分数）
lb/ton 废品	1.15×10^{-2}	
对于 CO_2：		
kg/Mg 废品	9.05×10^{-3}	10^{-6}（体积分数）
lb/ton 废品	1.81×10^{-2}	

[a] O_2 为 7%的条件下。

另请注意，各表中列出的 PM 值代表总 PM，CDD/CDF 数据代表总体四到八 CDD/CDF。对于 SO_2、NO_x 和 CO，各表中的数据代表长期平均值，不应当用于估算短期排放。有关 SO_2、NO_x 和 CO 不同统计次数的可实现排放水平（基于对连续排放监测数据的分析），请参见 EPA BID。最后要说的是，对于 PM 和金属，由于 MB/WW、MB/RC、MB/REF 及 MOD/EA 焚烧炉的排放水平应当是相同的，因此用它们来综合确定排放因子。对于控制水平，监测数据结合了每个控制技术类型（如 SD/FF 数据或 ESP 数据）。对于 Hg、MOD/SA 数据也结合了全量焚烧和 MOD/EA 数据。

1.7 其他类型的焚烧炉 [122-134]

1.7.1 工业用/商用焚烧炉

这些焚烧炉的垃圾处理能力的跨度很大，通常为每小时 23～1 800 kg（50～4 000 lb）。无论是单室还是多室设计结构，这些焚烧炉都是手动装填，间歇操作。某些工业燃烧炉在规模和设计结构上与城市生活垃圾焚烧炉类似。排放控制系统包括燃气补燃器或洗涤器，或者两者兼而有之。根据《清洁空气法修正案》（CAAA）

第 129 条的规定，这些类型的焚烧炉必须符合针对 MWC 列出的污染物的排放标准。EPA 尚未设置这些极限。

1.7.2 槽式焚烧炉

槽式焚烧炉，也称气幕式焚化炉，就是横跨深槽（可在其中开放式燃烧）强制投射空气帷幕。气幕用来提高焚烧效率，减少烟尘和 PM 排放。燃尽风也用于提高焚烧效率。

槽式焚烧炉既可以建在地面上，也可以建在地面下。其耐火墙宽度通常为 8 英尺，深度通常为 10 英尺。焚烧炉长度为 8～16 英尺不等。某些设备还装有网筛盛放飞灰的大颗粒，因此通常不使用其他附加污染物控制装置。

焚烧木材废料、庭院垃圾和干净木材的槽式焚烧炉不受 CAAA 第 129 条的限制，只需要灵活遵守管理人员设定的标准。气幕式焚化炉的主要用途是处理这些类型的垃圾，但其中一部分焚烧炉用于焚烧 MSW 或拆解废料。

在某些州县，槽式焚烧炉通常被视为开放式焚烧的变体，因此已经停止使用。

1.7.3 家用焚烧炉

这类燃烧炉主要出售给居民使用，通常置于城市地区的公寓大楼、居住房屋或其他多居民住宅。家用焚烧炉结构设计非常简单，只有一个或多个浇注耐火材料做内衬的燃烧室，通常装有辅助燃烧器促进焚烧。由于体型较小，因此目前未纳入 MWC 管理规则。

1.7.4 烟道进料焚烧炉

这类焚烧炉通常置于大型公寓建筑群或其他多家庭住宅，其充填方法很有特点——垃圾掉落在焚烧炉的烟道，然后通过烟道进入燃烧室。改良版烟道进料焚烧炉使用补燃器和通风调节装置改善焚烧效率和减排。由于体型较小，因此目前未纳入 MWC 管理规则。

表 1-12 列出了工业用/商用焚烧炉、槽式焚烧炉、家用焚烧炉和烟道进料焚烧炉的排放因子。

表 1-12 （SI 制和英制）生活垃圾焚烧炉以外的废品焚烧炉的未控制排放因子[a]

排放因子等级：D

焚烧炉类型	PM		SO_2		CO		总有机化合物[b]		NO_x	
	kg/Mg	lb/ton	kg/Mg	lb/ton	kg/Mg	lb/ton	kg/Mg	lb/ton	kg/Mg	lb/ton
工业用/商用										
多室	3.50	7.00	1.25	2.50	5.00	1.00×10	1.50	3.00	1.50	3.00
单室	7.50	1.50×10	1.25	2.50	1.00×10	2.00×10	7.50×10	1.50×10	1.00	2.00
槽式										
木材（SCC 5-01-005-10、5-03-001-06）	6.50	1.30×10	5.00×10^{-2}	1.00×10^{-1}	ND	ND	ND	ND	2.00	4.00
橡胶轮胎（SCC 5-01-005-11、5-03-001-07）	6.90×10	1.38×10^{2}	ND	ND	ND	ND	ND	ND	ND	ND
城市生活垃圾（SCC 5-01-005-12、5-03-001-09）	1.85×10	3.70×10	1.25	2.50	ND	ND	ND	ND	ND	ND
烟道进料单室	1.50×10	3.00×10	2.50×10^{-1}	5.00×10^{-1}	1.00×10	2.00×10	7.50	1.50×10	1.50	3.00
烟道进料（改良版）	3.00	6.00	2.50×10^{-1}	5.00×10^{-1}	5.00	1.00×10	1.50	3.00	5.00	1.00×10
家用单室（无 SCC）										
无一次风室	1.75×10	3.50×10	2.50×10^{-1}	5.00×10^{-1}	1.50×10^{2}	3.00×10^{2}	5.00×10	1.00×10^{2}	5.00×10^{-1}	1.00
有一次风室	3.50	7.00	2.50×10^{-1}	5.00×10^{-1}	Neg	Neg	1.00	2.00	1.00	2.00

[a] 参考文献 116-123。ND 表示无数据。SCC 表示源分类代码。Neg 表示可忽略不计。

[b] 表示为甲烷。

1.8 参考文献

1. Written communication from D. A. Fenn and K. L. Nebel，Radian Corporation，Research Triangle Park，NC，to W. H. Stevenson，U.S. Environmental Protection Agency，Research Triangle Park，NC. March 1992.

2. J. Kiser，"*The Future Role Of Municipal Waste Combustion*"，*Waste Age*，November 1991.

3. September 6，1991. Meeting Summary：Appendix 1（Docket No. A-90-45，Item Number II-E-12）.

4. *Municipal Waste Combustion Study：Combustion Control Of Organic Emissions*，EPA/530-SW-87-021c，U.S. Environmental Protection Agency，Washington，DC，June 1987.

5. M. Clark，"*Minimizing Emissions From Resource Recovery*"，Presented at the International Workshop on Municipal Waste Incineration，Quebec，Canada，October 1-2，1987.

6. *Municipal Waste Combustion Assessment：Combustion Control At Existing Facilities*，EPA 600/8-89-058，U.S. Environmental Protection Agency，Research Triangle Park，NC，August 1989.

7. *Municipal Waste Combustors- Background Information For Proposed Standards：Control Of* NO_x *Emissions*，EPA-450/3-89-27d，U.S. Environmental Protection Agency，Research Triangle Park，NC，August 1989.

8. *Municipal Waste Combustors- Background Information For Proposed Standards：Post Combustion Technology Performance*，U.S. Environmental Protection Agency，August 1989.

9. *Municipal Waste Combustion Study- Flue Gas Cleaning Technology*，EPA/530-SW-87-021c，U.S. Environmental Protection Agency，Washington，DC，June 1987.

10. R. Bijetina，*et al.*，"Field Evaluation of Methane de-NO_x at Olmstead Waste-to-Energy Facility"，Presented at the 7th Annual Waste-to-Energy Symposium，Minneapolis，MN，January 28-30，1992.

11. K. L. Nebel and D. M. White，*A Summary Of Mercury Emissions And Applicable Control Technologies For Municipal Waste Combustors*，Research Triangle Park，NC，September，1991.

12. *Emission Test Report：OMSS Field Test On Carbon Injection For Mercury Control*，EPA-600/R-92-192，Office of Air Quality Planning and Standards，U.S. Environmental Protection Agency，Research Triangle Park，NC，September 1992.

13. J. D. Kilgroe，*et al.*，"Camden Country MWC Carbon Injection Test Results"，Presented at the

International Conference on Waste Combustion，Williamsburg，VA，March 1993.

14. Meeting Summary：*Preliminary Mercury Testing Results For The Stanislaus County Municipal Waste Combustor*，U.S. Environmental Protection Agency，Research Triangle Park，NC，November 22，1991.

15. R. A. Zurlinden，*et al.*，*Environmental Test Report*，*Alexandria/Arlington Resources Recovery Facility*，*Units 1*，*2*，*And 3*，Report No. 144B，Ogden Martin Systems of Alexandria/Arlington，Inc.，Alexandria，VA，March 9，1988.

16. R. A. Zurlinden，*et al.*，*Environmental Test Report*，*Alexandria/Arlington Resource Recovery Facility*，*Units 1*，*2*，*And 3*，Report No. 144A（Revised），Ogden Martin Systems of Alexandria/Arlington，Inc.，Alexandria，VA，January 8，1988.

17. *Environmental Test Report*，*Babylon Resource Recovery Test Facility*，*Units 1 And 2*，Ogden Martin Systems of Babylon，Inc.，Ogden Projects，Inc.，March 1989.

18. Ogden Projects，Inc. *Environmental Test Report*，*Units 1 And 2*，*Babylon Resource Recovery Facility*，Ogden Martin Systems for Babylon，Inc.，Babylon，NY，February 1990.

19. PEI Associates，Inc. *Method Development And Testing For Chromium*，*No. Refuse-to-Energy Incinerator*，*Baltimore RESCO*，EMB Report 85-CHM8，EPA Contract No. 68-02-3849，U.S. Environmental Protection Agency，Research Triangle Park，NC，August 1986.

20. Entropy Environmentalists，Inc. *Particulate*，*Sulfur Dioxide*，*Nitrogen Oxides*，*Chlorides*，*Fluorides*，*And Carbon Monoxide Compliance Testing*，*Units 1*，*2*，*And 3*，Baltimore RESCO Company，L. P.，Southwest Resource Recovery Facility，RUST International，Inc.，January 1985.

21. Memorandum. J. Perez，AM/3，State of Wisconsin，to Files. *"Review Of Stack Test Performed At Barron County Incinerator"*，February 24，1987.

22. D. S. Beachler，*et al.*，*"Bay County*，*Florida*，*Waste-To-Energy Facility Air Emission Tests. Westinghouse Electric Corporation"*，Presented at Municipal Waste Incineration Workshop，Montreal，Canada，October 1987.

23. *Municipal Waste Combustion*，*Multi-Pollutant Study. Emission Test Report. Volume I*，*Summary Of Results*，EPA-600/8-89-064a，Maine Energy Recovery Company，Refuse-Derived Fuel Facility，Biddeford，ME，July 1989.

24. S. Klamm，*et al.*，*Emission Testing At An RDF Municipal Waste Combustor*，EPA Contract No.

68-02-4453，U.S. Environmental Protection Agency，NC，May 6，1988.（Biddeford）

25. *Emission Source Test Report-- Preliminary Test Report On Cattaraugus County*，New York State Department of Environmental Conservation，August 5，1986.

26. *Permit No. 0560-0196 For Foster Wheeler Charleston Resource Recovery，Inc. Municipal Solid Waste Incinerators A & B*，Bureau of Air Quality Control，South Carolina Department of Health and Environmental Control，Charleston，SC，October 1989.

27. Almega Corporation. *Unit 1 And Unit 2，EPA Stack Emission Compliance Tests，May 26，27，And 29，1987，At The Signal Environmental Systems，Claremont，NH，NH/VT Solid Waste Facility*，Prepared for Clark-Kenith，Inc. Atlanta，GA，July 1987.

28. Entropy Environmentalists，Inc. *Stationary Source Sampling Report，Signal Environmental Systems，Inc.，At The Claremont Facility，Claremont，New Hampshire，Dioxins/Furans Emissions Compliance Testing，Units 1 And 2*，Reference No. 5553-A，Signal Environmental Systems，Inc.，Claremont，NH，October 2，1987.

29. M. D. McDannel，*et al.*，*Air Emissions Tests At Commerce Refuse-To-Energy Facility May 26-June 5，1987*，County Sanitation Districts of Los Angeles County，Whittier，CA，July 1987.

30. M. D. McDannel and B. L. McDonald，*Combustion Optimization Study At The Commerce Refuse-To-Energy Facility. Volume I*，ESA 20528-557，County Sanitation Districts of Los Angeles County，Los Angeles，CA，June 1988.

31. M. D. McDannel *et al.*，*Results Of Air Emission Test During The Waste-to-Energy Facility*，County Sanitation Districts Of Los Angeles County，Whittier，CA，December 1988.（Commerce）

32. Radian Corporation. *Preliminary Data From October- November 1988 Testing At The Montgomery County South Plant，Dayton，Ohio.*

33. Written communication from M. Hartman，Combustion Engineering，to D. White，Radian Corporation，Detroit Compliance Tests，September 1990.

34. Interpoll Laboratories. *Results Of The November 3-6，1987 Performance Test On The No. 2 RDF And Sludge Incinerator At The WLSSD Plant In Duluth，Minnesota*，Interpoll Report No. 7-2443，April 25，1988.

35. D. S. Beachler，（Westinghouse Electric Corporation）and ETS，Inc，*Dutchess County Resource Recovery Facility Emission Compliance Test Report，Volumes 1-5*，New York Department of

Environmental Conservation，June 1989.

36. ETS，Inc. *Compliance Test Report For Dutchess County Resource Recovery Facility*，May 1989.

37. Written communication and enclosures from W. Harold Snead，City of Galax，VA，to Jack R. Farmer，U.S. Environmental Protection Agency，Research Triangle Park，NC，July 14，1988.

38. Cooper Engineers，Inc.，*Air Emissions Tests Of Solid Waste Combustion A Rotary Combustion/Boiler System At Gallatin*，*Tennessee*，West County Agency of Contra Costa County，CA，July 1984.

39. B. L. McDonald，*et al.*，*Air Emissions Tests At The Hampton Refuse-Fired Stream Generating Facility*，*April 18-24*，*1988*，Clark-Kenith，Incorporated，Bethesda，MD，June 1988.

40. Radian Corporation for American Ref-Fuel Company of Hempstead，*Compliance Test Report For The Hempstead Resource Recovery Facility*，*Westbury*，*NY*，Volume I，December 1989.

41. J. Campbell，Chief，Air Engineering Section，Hillsborough County Environmental Protection Commission，to E. L. Martinez，Source Analysis Section/AMTB，U.S. Environmental Protection Agency，May 1，1986.

42. Mitsubishi SCR System for Municipal Refuse Incinerator，*Measuring Results At Tokyo-Hikarigaoka And Iwatsuki*，Mitsubishi Heavy Industries，Ltd，July 1987.

43. Entropy Environmentalists，Inc. for Honolulu Resource Recovery Venture，*Stationary Source Sampling Final Report*，Volume I，Oahu，HI，February 1990.

44. Ogden Projects，Inc.，*Environmental Test Report*，*Indianapolis Resource Recovery Facility*，*Appendix A And Appendix B*，*Volume I*，（Prepared for Ogden Martin Systems of Indianapolis，Inc.），August 1989.

45. D. R. Knisley，*et al.*（Radian Corporation），*Emissions Test Report*，*Dioxin/Furan Emission Testing*，*Refuse Fuels Associates*，*Lawrence MA*，（Prepared for Refuse Fuels Association），Haverhill，MA，June 1987.

46. Entropy Environmentalists，Inc. *Stationary Source Sampling Report*，*Ogden Martin Systems of Haverhill*，*Inc.*，*Lawrence*，*MA Thermal Conversion Facility. Particulate*，*Dioxins/Furans and Nitrogen Oxides Emission Compliance Testing*，September 1987.

47. D. D. Ethier，*et al.*（TRC Environmental Consultants），*Air Emission Test Results At The Southeast Resource Recovery Facility Unit 1*，*October- December*，*1988*，Prepared for Dravo Corporation，

Long Beach，CA，February 28，1989.

48. Written communication from H. G. Rigo，Rigo & Rigo Associates，Inc.，to M. Johnston，U.S. Environmental Protection Agency. March 13，1989. 2 pp. Compliance Test Report Unit No. 1-- South East Resource Recovery Facility，Long Beach，CA.

49. M. A. Vancil and C. L. Anderson（Radian Corporation），*Summary Report CDD/CDF，Metals，HCl，SO_2，NO_x，CO And Particulate Testing，Marion County Solid Waste-To-Energy Facility，Inc.，Ogden Martin Systems Of Marion，Brooks，Oregon*，U.S. Environmental Protection Agency，Research Triangle Park，NC，EMB Report No. 86-MIN-03A，September 1988.

50. C. L. Anderson，*et al.*（Radian Corporation），*Characterization Test Report，Marion County Solid Waste-To-Energy Facility，Inc.，Ogden Martin Systems Of Marion，Brooks，Oregon*，U.S. Environmental Protection Agency，Research Triangle Park，NC，EMB Report No. 86-MIN-04，September 1988.

51. Letter Report from M. A. Vancil，Radian Corporation，to C. E. Riley，EMB Task Manager，U.S. Environmental Protection Agency. Emission Test Results for the PCDD/PCDF Internal Standards Recovery Study Field Test：Runs 1，2，3，5，13，14. July 24，1987.（Marion）

52. C. L. Anderson，*et al.*，（Radian Corporation）. *Shutdown/Startup Test Program Emission Test Report，Marion County Solid Waste-To-Energy Facility，Inc.，Ogden Martin Systems Of Marion，Brooks，Oregon*，U.S. Environmental Protection Agency，Research Triangle Park，NC，EMB Report No. 87-MIN-4A，September 1988.

53. Clean Air Engineering，Inc.，*Report On Compliance Testing For Waste Management，Inc. At The McKay Bay Refuse-to-Energy Project Located In Tampa，Florida*，October 1985.

54. Alliance Technologies Corporation，*Field Test Report- NITEP III. Mid-Connecticut Facility，Hartford，Connecticut. Volume II Appendices*，Prepared for Environment Canada. June 1989.

55. C. L. Anderson，（Radian Corporation），*CDD/CDF，Metals，And Particulate Emissions Summary Report，Mid-Connecticut Resource Recovery Facility，Hartford，Connecticut*，U.S. Environmental Protection Agency，Research Triangle Park，NC，EMB Report No. 88-MIN-09A，January 1989.

56. Entropy Environmentalists，Inc.，*Municipal Waste Combustion Multi-Pollutant Study，Summary Report，Wheelabrator Millbury，Inc.，Millbury，MA*，U.S. Environmental Protection Agency，Research Triangle Park，NC，EMB Report No. 88-MIN-07A，February 1989.

57. Entropy Environmentalists, Inc., *Emissions Testing Report, Wheelabrator Millbury, Inc. Resource Recovery Facility, Millbury, Massachusetts, Unit Nos. 1 And 2, February 8 through 12, 1988,* Prepared for Rust International Corporation. Reference No. 5605-B. August 5, 1988.

58. Entropy Environmentalists, Inc., *Stationary Source Sampling Report, Wheelabrator Millbury, Inc., Resource Recovery Facility, Millbury, Massachusetts, Mercury Emissions Compliance Testing, Unit No. 1, May 10 And 11, 1988,* Prepared for Rust International Corporation. Reference No. 5892-A, May 18, 1988.

59. Entropy Environmentalists, Inc., *Emission Test Report, Municipal Waste Combustion Continuous Emission Monitoring Program, Wheelabrator Resource Recovery Facility, Millbury, Massachusetts,* U.S. Environmental Protection Agency, Research Triangle Park, NC, Emission Test Report 88-MIN-07C, January 1989.

60. Entropy Environmentalists, *Municipal Waste Combustion Multipollutant Study: Emission Test Report- Wheelabrator Millbury, Inc. Millbury, Massachusetts,* EMB Report No. 88-MIN-07, July 1988.

61. Entropy Environmentalists, *Emission Test Report, Municipal Waste Combustion, Continuous Emission Monitoring Program, Wheelabrator Resource Recovery Facility, Millbury, Massachusetts,* Prepared for the U.S. Environmental Protection Agency, Research Triangle Park, NC. EPA Contract No. 68-02-4336, October 1988.

62. Entropy Environmentalists, *Emissions Testing At Wheelabrator Millbury, Inc. Resource Recovery Facility, Millbury, Massachusetts,* Prepared for Rust International Corporation. February 8-12, 1988.

63. Radian Corporation, *Site-Specific Test Plan And Quality Assurance Project Plan For The Screening And Parametric Programs At The Montgomery County Solid Waste Management Division South Incinerator- Unit #3,* Prepared for U.S. EPA, OAQPS and ORD, Research Triangle Park, NC, November 1988.

64. Written communication and enclosures from John W. Norton, County of Montgomery, OH, to Jack R. Farmer, U.S. Environmental Protection Agency, Research Triangle Park, NC. May 31, 1988.

65. J. L. Hahn, *et al.*, (Cooper Engineers) and J. A. Finney, Jr., *et al.*, (Belco Pollution Control Corp.), *"Air Emissions Tests Of A Deutsche Babcock Anlagen Dry Scrubber System At The Munich North Refuse-Fired Power Plant",* Presented at: 78th Annual Meeting of the Pollution Control

Association，Detroit，MI，June 1985.

66. Clean Air Engineering，*Results Of Diagnostic And Compliance Testing At NSP French Island Generating Facility Conducted May 17- 19，1989*，July 1989.

67. *Preliminary Report On Occidental Chemical Corporation EFW. New York State Department Of Environmental Conservation*，（Niagara Falls），Albany，NY，January 1986.

68. H. J. Hall，Associates，*Summary Analysis On Precipitator Tests And Performance Factors，May 13-15，1986 At Incinerator Units 1，2- Occidental Chemical Company*，Prepared for Occidental Chemical Company EFW，Niagara Falls，NY，June 25，1986.

69. C. L. Anderson，*et al.*（Radian Corporation），*Summary Report，CDD/CDF，Metals and Particulate，Uncontrolled And Controlled Emissions，Signal Environmental Systems，Inc.，North Andover RESCO，North Andover，MA*，U.S. Environmental Protection Agency，Research Triangle Park，NC，EMB Report No. 86-MINO2A，March 1988.

70. York Services Corporation，*Final Report For A Test Program On The Municipal Incinerator Located At Northern Aroostook Regional Airport，Frenchville，Maine*，Prepared for Northern Aroostook Regional Incinerator Frenchville，ME，January 26，1987.

71. Radian Corporation，*Results From The Analysis Of MSW Incinerator Testing At Oswego County，New York*，Prepared for New York State Energy Research and Development Authority，March 1988.

72. Radian Corporation，*Data Analysis Results For Testing At A Two-Stage Modular MSW Combustor: Oswego County ERF，Fulton，New York*，Prepared for New York State's Energy Research and Development Authority，Albany，NY，November 1988.

73. A. J. Fossa，*et al.*，*Phase I Resource Recovery Facility Emission Characterization Study，Overview Report*，（Oneida，Peekskill），New York State Department of Environmental Conservation，Albany，NY，May 1987.

74. Radian Corporation，*Results From The Analysis Of MSW Incinerator Testing At Peekskill，New York*，Prepared for New York State Energy Research and Development Authority，DCN：88-233-012-21，August 1988.

75. Radian Corporation，*Results from the Analysis of MSW Incinerator Testing at Peekskill，New York (DRAFT)*，（Prepared for the New York State Energy Research and Development Authority），Albany，NY，March 1988.

76. Ogden Martin Systems of Pennsauken, Inc., *Pennsauken Resource Recovery Project, BACT Assessment For Control Of NO_x Emissions, Top-Down Technology Consideration*, Fairfield, NJ, pp. 11, 13, December 15, 1988.

77. Roy F. Weston, Incorporated, *Penobscot Energy Recovery Company Facility, Orrington, Maine, Source Emissions Compliance Test Report Incinerator Units A And B (Penobscot, Maine)*, Prepared for GE Company, September 1988.

78. S. Zaitlin, *Air Emission License Finding Of Fact And Order, Penobscot Energy Recovery Company, Orrington, ME*, State of Maine, Department of Environmental Protection, Board of Environmental Protection, February 26, 1986.

79. R. Neulicht, (Midwest Research Institute), *Emissions Test Report: City Of Philadelphia Northwest And East Central Municipal Incinerators*, Prepared for the U.S. Environmental Protection Agency, Philadelphia, PA, October 31, 1985.

80. Written communication with attachments from Philip Gehring, Plant Manager (Pigeon Point Energy Generating Facility), to Jack R. Farmer, Director, ESD, OAQPS, U.S. Environmental Protection Agency, June 30, 1988.

81. Entropy Environmentalists, Inc., *Stationary Source Sampling Report, Signal RESCO, Pinellas County Resource Recovery Facility, St. Petersburg, Florida, CARB/DER Emission Testing, Unit 3 Precipitator Inlets and Stack*, February and March 1987.

82. Midwest Research Institute, *Results Of The Combustion And Emissions Research Project At The Vicon Incinerator Facility In Pittsfield, Massachusetts*, Prepared for New York State Energy Research and Development Authority, June 1987.

83. Response to Clean Air Act Section 114 Information Questionnaire, Results of Non-Criteria Pollutant Testing Performed at Pope-Douglas Waste to Energy Facility, July 1987, Provided to EPA on May 9, 1988.

84. Engineering Science, Inc., *A Report On Air Emission Compliance Testing At The Regional Waste Systems, Inc. Greater Portland Resource Recovery Project*, Prepared for Dravo Energy Resources, Inc., Pittsburgh, PA, March 1989.

85. D. E. Woodman, *Test Report Emission Tests, Regional Waste Systems, Portland, ME*, February 1990.

86. Environment Canada，*The National Incinerator Testing And Evaluation Program：Two State Combustion*，Report EPS 3/up/1，（Prince Edward Island），September 1985.

87. *Statistical Analysis Of Emission Test Data From Fluidized Bed Combustion Boilers At Prince Edward Island，Canada*，U.S. Environmental Protection Agency，Publication No. EPA-450/3-86-015，December 1986.

88. *The National Incinerator Testing And Evaluation Program：Air Pollution Control Technology*，EPS 3/UP/2，（Quebec City），Environment Canada，Ottawa，September 1986.

89. Lavalin，Inc.，*National Incinerator Testing And Evaluation Program：The Combustion Characterization Of Mass Burning Incinerator Technology；Quebec City（DRAFT）*，（Prepared for Environmental Protection Service，Environmental Canada），Ottawa，Canada，September 1987.

90. Environment Canada，*NITEP，Environmental Characterization Of Mass Burning Incinerator Technology at Quebec City. Summary Report*，EPS 3/UP/5，June 1988.

91. Interpoll Laboratories，*Results Of The March 21- 26，1988，Air Emission Compliance Test On The No. 2 Boiler At The Red Wing Station，Test IV（High Load）*，Prepared for Northern States Power Company，Minneapolis，MN，Report No. 8-2526，May 10，1988.

92. Interpoll Laboratories，*Results Of The May 24-27，1988 High Load Compliance Test On Unit 1 And Low Load Compliance Test On Unit 2 At The NSP Red Wing Station*，Prepared for Northern States Power Company，Minneapolis，MN，Report No. 8-2559，July 21，1988.

93. Cal Recovery Systems，Inc.，*Final Report，Evaluation Of Municipal Solid Waste Incineration.（Red Wing，Minnesota facility）Submitted To Minnesota Pollution Control Agency*，Report No. 1130-87-1，January 1987.

94. Eastmount Engineering，Inc.，*Final Report，Waste-To-Energy Resource Recovery Facility，Compliance Test Program，Volumes II-V*，（Prepared for SEMASS Partnership.），March 1990.

95. D. McClanahan，（Fluor Daniel），A. Licata（Dravo），and J. Buschmann（Flakt，Inc.）.，“Operating Experience With Three APC Designs On Municipal Incinerators”. *Proceedings of the International Conference on Municipal Waste Combustion*，pp. 7C-19 to 7C-41，（Springfield），April 11-14，1988.

96. Interpoll Laboratories，Inc.，*Results Of The June 1988 Air Emission Performance Test On The MSW Incinerators At The St. Croix Waste To Energy Facility In New Richmond，Wisconsin*，Prepared for American Resource Recovery，Waukesha，WI，Report No. 8-2560，September 12，1988.

97. Interpoll Laboratories，Inc，*Results Of The June 6，1988，Scrubber Performance Test At The St. Croix Waste To Energy Incineration Facility In New Richmond，Wisconsin*，Prepared for Interel Corporation，Englewood，CO，Report No. 8-2560I，September 20，1988.

98. Interpoll Laboratories，Inc.，*Results Of The August 23，1988，Scrubber Performance Test At The St. Croix Waste To Energy Incineration Facility In New Richmond，Wisconsin*，Prepared for Interel Corporation，Englewood，CO，Report No. 8-2609，September 20，1988.

99. Interpoll Laboratories，Inc.，*Results Of The October 1988 Particulate Emission Compliance Test On The MSW Incinerator At The St. Croix Waste To Energy Facility In New Richmond，Wisconsin*，Prepared for American Resource Recovery，Waukesha，WI，Report No. 8-2547，November 3，1988.

100. Interpoll Laboratories，Inc.，*Results Of The October 21，1988，Scrubber Performance Test At The St. Croix Waste To Energy Facility In New Richmond，Wisconsin*，Prepared for Interel Corporation，Englewood，CO，Report No. 8-2648，December 2，1988.

101. J. L. Hahn，(Ogden Projects，Inc.)，*Environmental Test Report*，Prepared for Stanislaus Waste Energy Company Crows Landing，CA，OPI Report No. 177R，April 7，1989.

102. J. L. Hahn，and D. S. Sofaer，"Air Emissions Test Results From The Stanislaus County，California Resource Recovery Facility"，*Presented at the International Conference on Municipal Waste Combustion*，Hollywood，FL，pp. 4A-1 to 4A-14，April 11-14，1989.

103. R. Seelinger，*et al.*(Ogden Products，Inc.)，*Environmental Test Report，Walter B. Hall Resource Recovery Facility，Units 1 And 2*，(Prepared for Ogden Martin Systems of Tulsa，Inc.)，Tulsa，OK，September 1986.

104. PEI Associates，Inc，*Method Development And Testing for Chromium，Municipal Refuse Incinerator，Tuscaloosa Energy Recovery，Tuscaloosa，Alabama*，U.S. Environmental Protection Agency，Research Triangle Park，NC，EMB Report 85-CHM-9，January 1986.

105. T. Guest and O. Knizek，"*Mercury Control At Burnaby's Municipal Waste Incinerator*"，Proceedings of the 84th Annual Meeting and Exhibition of the Air and Waste Management Association，Vancouver，British Columbia，Canada，June 16-21，1991.

106. Trip Report，Burnaby MWC，British Columbia，Canada. White，D.，Radian Corporation，May 1990.

107. Entropy Environmentalists，Inc. for Babcock & Wilcox Co. North County Regional Resource

Recovery Facility，West Palm Beach，FL，October 1989.

108. P. M. Maly，*et al.*，*Results Of The July 1988 Wilmarth Boiler Characterization Tests*，Gas Research Institute Topical Report No. GRI-89/0109，June 1988-March 1989.

109. J. L. Hahn，（Cooper Engineers，Inc.），*Air Emissions Testing At The Martin GmbH Waste-To-Energy Facility In Wurzburg，West Germany*，Prepared for Ogden Martin Systems，Inc.，Paramus，NJ，January 1986.

110. Entropy Environmentalists，Inc. for Westinghouse RESD，*Metals Emission Testing Results，Conducted At The York County Resource Recovery Facility*，February 1991.

111. Entropy Environmentalists，Inc. for Westinghouse RESD，*Emissions Testing For：Hexavalent Chromium，Metals，Particulate. Conducted At The York County Resource Recovery Facility*，July 31-August 4，1990.

112. Interpoll Laboratories，*Results of the July 1987 Emission Performance Tests Of The Pope/Douglas Waste-To-Energy Facility MSW Incinerators In Alexandria，Minnesota*，（Prepared for HDR Techserv，Inc.），Minneapolis，MN，October 1987.

113. D. B. Sussman，Ogden Martin System，Inc.，Submittal to Air Docket（LE-131），Docket No. A-89-08，Category IV-M，Washington，DC，October 1990.

114. F. Ferraro，Wheelabrator Technologies，Inc.，Data package to D. M. White，Radian Corporation，February 1991.

115. D. R. Knisley，*et al.*（Radian Corporation），*Emissions Test Report，Dioxin/Furan Emission Testing，Refuse Fuels Associates，Lawrence，Massachusetts*，（Prepared for Refuse Fuels Association），Haverhill，MA，June 1987.

116. Entropy Environmentalists，Inc.，*Stationary Source Sampling Report，Ogden Martin Systems Of Haverhill，Inc.，Lawrence，Massachusetts Thermal Conversion Facility. Particulate，Dioxins/Furans And Nitrogen Oxides Emission Compliance Testing*，September 1987.

117. A. J. Fossa，*et al.*，*Phase I Resource Recovery Facility Emission Characterization Study，Overview Report*，New York State Department of Environmental Conservation，Albany，NY，May 1987.

118. Telephone communciation between D. DeVan，Oneida ERF，and M. A. Vancil，Radian Corporation. April 4，1988. Specific collecting area of ESPs.

119. G. M. Higgins，*An Evaluation Of Trace Organic Emissions From Refuse Thermal Processing Facilities（North Little Rock，Arkansas；Mayport Naval Station，Florida；And Wright Patterson Air Force Base，Ohio）*，Prepared for U.S. Environmental Protection Agency/Office of Solid Waste by Systech Corporation，July 1982.

120. R. Kerr，*et al.*，*Emission Source Test Report--Sheridan Avenue RDF Plant，Answers（Albany，New York）*，Division of Air Resources，New York State Department of Environmental Conservation，August 1985.

121. U.S. Environmental Protection Agency，Emission Factor Documentation for AP-42 Section 2.1，Refuse Combustion，Research Triangle Park，NC，May 1993.

122. *Air Pollutant Emission Factors*，APTD-0923，U.S. Environmental Protection Agency，Research Triangle Park，NC，April 1970.

123. *Control Techniques For Carbon Monoxide Emissions From Stationary Sources*，AP-65，U.S. Environmental Protection Agency，Research Triangle Park，NC，March 1970.

124. *Air Pollution Engineering Manual*，AP-40，U.S. Environmental Protection Agency，Research Triangle Park，NC，1967.

125. J. DeMarco，*et al.*，*Incinerator Guidelines 1969*，SW. 13TS，U.S. Environmental Protection Agency，Research Triangle Park，NC，1969.

126. *Municipal Waste Combustors- Background Information For Proposed Guidelines For Existing Facilities*，U.S. Environmental Protection Agency，Research Triangle Park，NC，EPA-450/3-89- 27e，August 1989.

127. *Municipal Waste Combustors- Background Information for Proposed Standards：Control Of NO_x Emissions* U.S. Environmental Protection Agency，Research Triangle Park，NC，EPA-450/3- 89-27d，August 1989.

128. J. O. Brukle，*et al.*，*"The Effects Of Operating Variables And Refuse Types On Emissions From A Pilot-scale Trench Incinerator"*，Proceedings of the 1968 Incinerator Conference，American Society of Mechanical Engineers，New York，NY，May 1968.

129. W. R. Nessen，*Systems Study Of Air Pollution From Municipal Incineration*，Arthur D. Little，Inc.，Cambridge，MA，March 1970.

130. C. R. Brunner，*Handbook Of Incineration Systems*，McGraw-Hill，Inc.，pp. 10.3-10.4，1991.

131. Telephone communication between K. Quincey，Radian Corporation，and E. Raulerson，Florida Department of Environmental Regulations，February 16，1993.

132. Telephone communication between K. Nebel and K. Quincey，Radian Corporation，and M. McDonnold，Simonds Manufacturing，February 16，1993.

133. Telephone communication between K. Quincey，Radian Corporation，and R. Crochet，Crochet Equipment Company，February 16 and 26，1993.

134. Telephone communication between K. Quincey，Radian Corporation，and T. Allen，NC Division of Environmental Management，February 16，1993.

135. John Pacy，*Methane Gas In Landfills：Liability Or Asset?*，Proceedings of the Fourth National Congress of the Waste Management Technology and Resource and Energy Recovery，Cosponsored by the National Solid Wastes Management Association and U.S. EPA，November 12-14，1975.

2　污水污泥焚化处置

美国修建了大约 170 座污水污泥焚化（Sewage Sludge Incineration，SSI）厂，主要使用三种类型的焚化炉：多膛焚化炉、流化床焚化炉和电红外焚化炉。基于废品燃烧技术，某些污泥与城市生活垃圾一起在焚烧炉中混合焚烧（参见第 1 章）。在焚烧炉中与污泥混合燃烧的废品（基于污泥焚化技术）仅限于多膛焚化炉使用。

经过操作鉴定的污泥焚化炉中，超过 80%是多膛设计结构，15%左右是流化床焚烧炉，3%是电红外焚烧炉，其余的是废品与污泥混合焚烧的焚烧炉。大多数污泥焚烧炉位于美国东部地区，不过西海岸的数量也不少。纽约州的污泥焚化厂最多，有 33 座；宾夕法尼亚州和密歇根州次之，分别为 21 座和 19 座。

污水污泥焚化炉的排放目前符合 CFR 第 40 章第 60 篇 O 分篇以及第 40 章第 61 篇 C 分篇和 E 分篇的规定。第 60 篇 O 分篇为颗粒物制定了新污染源排放标准。第 61 篇 C 分篇和 E 分篇［国家有害空气污染物排放标准（National Emission Standards for Hazardous Air Pollutants，NESHAP）］分别为铍和汞制定了排放限值。

1989 年，经《净水法案》第 405 条授权，CFR 第 40 章第 503 篇提出了污水污泥使用和处理的技术标准。第 503 篇 G 分篇提出，为污水污泥焚化炉排放的砷、铍、镉、铬、铅、汞、镍和总烃制定国家排放限值。汞和铍的建议限值基于为这些污染物制定 NESHAP 时提出的假设，不需要额外的控制。一氧化碳的排放也进行了检测，但未提出任何限值。

2.1　工艺过程说明 [1,2]

本节介绍以下类型的焚化：

- 多膛焚化
- 流化床焚化
- 电红外焚化

本节还将对单室旋风焚化、回转窑焚化和湿式空气氧化焚化进行简单介绍。

2.1.1 多膛炉

多膛炉（Multiple Hearth Furnace，MHF）最初是一个世纪之前用于矿石焙烧。自1930年以来，污水污泥的焚化过程逐渐变为风冷式。图2-1展示了典型多膛炉的截面。多膛炉的基本结构是一个垂直导向的圆柱筒，外壳为钢制，内衬浇灌耐火材料，并水平分隔成数段炉床，炉床中心装有一根空心铸铁旋转轴。冷空气引入旋转轴中，然后扩散到炉床上方。每个耙臂装有若干耙齿，耙齿长约6英寸，间距10英寸左右。耙齿以螺旋运动的方式翻搅污泥，在炉床之间按照从外向里再从里向外的方向交替进行。通常，上层和下层炉床装有四个耙臂，中层炉床装有两个。燃烧器位于炉床侧壁，提供辅助加热。

大多数多膛炉是将部分脱水的污泥装填到顶层炉床的边沿上，耙臂向着中心轴的方向翻搅污泥，污泥从炉床中心的孔洞落下，在第二层炉床中反向翻搅，然后在其余所有炉床重复这个过程。翻搅运动的作用是打碎固体物质，使其与热量及氧气进行充分的面接触。每层炉床的污泥按设定的流量保持1英寸的厚度。

浮渣也可以装填到焚化炉的一层或多层炉床。浮渣是漂浮在废水表面的物质，一般包括植物油和矿物油、油膏、毛发、油蜡、油脂和其他漂浮物。浮渣可以通过预曝气池、撇油槽和沉淀池等处理装置去除。与其他废水固渣相比，浮渣通常数量很少。

环境空气先输送到中心轴及其相连的耙臂，然后部分或所有空气从中心轴顶层抽出，作为预热燃烧空气再循环到最底层的炉床。没有回到炉床的轴冷却空气会输送到空气污染物控制设备下游的烟囱。从顶层炉床排出之前，燃烧空气与污泥流逆向，向上流过炉床中的落料孔。空气进入底层对灰渣进行冷却。也可以将环境空气直接喷入中层炉床。

从整个焚化过程的角度看，多膛炉可以分为三个区。上层炉床是烘干区，污泥中的大部分水分在这里蒸发。烘干区的温度通常在425～760℃（800～

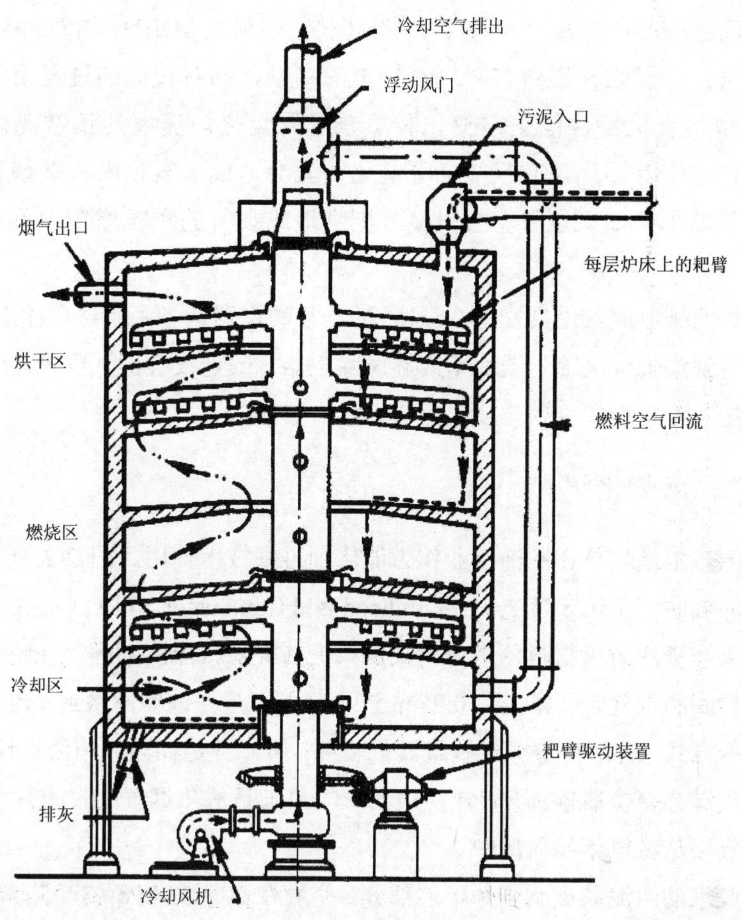

图 2-1 多膛炉截面

1 400℉）。温度升高到 925℃（1 700℉）时，污泥在中层炉床（第二区）燃烧。燃烧区可以进一步细分为中上层炉床（燃烧挥发性气体和固体）和中下层炉床（燃烧大部分固定碳）。最下层的炉床是冷却区，也就是第三区，灰渣在这里将热量传递给进入的燃烧空气，继而冷却。

多膛炉有时与补燃器一起运行，可减少臭气，降低未燃烧碳氢化合物的浓度。在二次燃烧中，炉床排出的气体被输送到燃烧室与补充燃料及补充空气混合并完全燃烧。某些焚化炉能够灵活掌握装填到下层炉床的污泥，因此可将上层炉床完全用作补燃器。

为了确保污泥在正常操作条件下完全燃烧，必须在MHF中加入50%～100%的过量空气。除了强化燃料与氧气在炉中的接触，相对较高的过量空气率还可以对污泥填料有机特性的正常变化和填料进入焚化炉速率的正常变化作出补偿。如果过量空气不足，碳只能部分氧化，就会造成一氧化碳、碳烟和碳氢化合物排放量增加；如果过量空气过多，则会造成夹带的颗粒增多和不必要的高辅助燃料消耗。

多膛炉的排放通常由文丘里洗涤器、冲击盘洗涤器或者两者结合使用来控制。有时也会用到湿式旋风除尘器和干式旋风除尘器。改造安装湿式静电除尘器是因为州级法规对颗粒物和金属排放限值要求较为严格。

2.1.2 流化床焚化炉

流化床技术最先是在石油工业作为催化剂再生技术使用。图2-2展示了流化床焚化炉的截面。流化床焚烧炉（Fluidized Bed Combustor，FBC）是由垂直导向的钢制外壳和浇注耐火材料的内衬构成。风嘴（提供气流的喷嘴）在耐火材料内衬网格内炉底的位置。砂床大约0.75 m（2.5英尺）厚，铺在网格上。流态化空气喷入炉中的方式，有两种普通配置最具代表性：第一种是在热风箱的设计结构中，燃烧空气经过热交换器预加热（热交换器中的热量是从热烟气回收的）；第二种是环境空气直接从冷风箱喷入炉中。

部分脱水的污泥装填到炉体下层部分。空气在20～35 kPa（3～5磅/英尺^{2}表压）的压力下经过风嘴喷入，同时使热砂床和填入的污泥流化。床层保持750～925℃（1 400～1 700℉）的温度。停留时间通常为2～5 s。污泥燃烧时，细灰颗粒转移到炉体顶部。部分砂粒也会随着气流除去，因此每运行300 h需要补充大约5%的砂料。

污泥一般在两个区燃烧。在第一区（床层本身），水分蒸发和有机物质热解的同时，污泥温度迅速升高。在第二区（余幅区域），剩余的自由碳与可燃气体燃烧。第二区的功用基本就是作为补燃器。

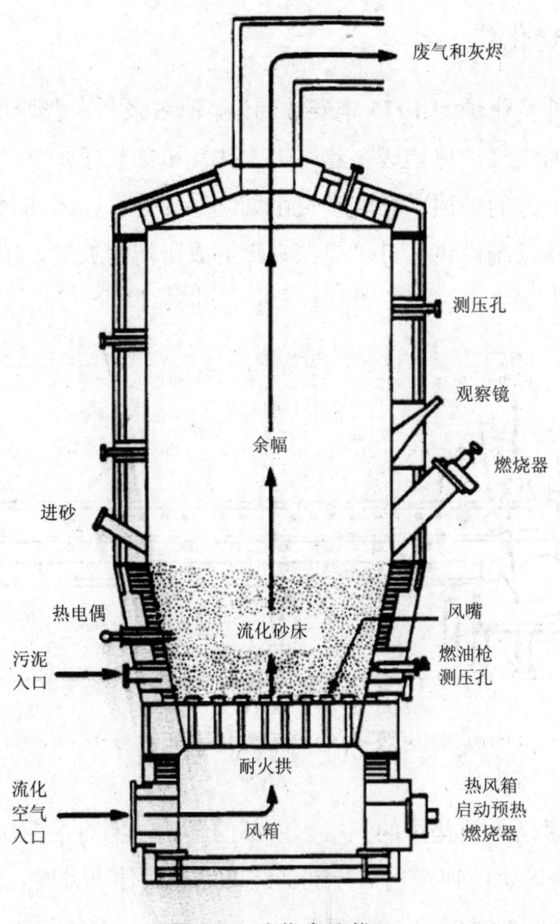

图 2-2 流化床炉截面

流化作用使污泥与燃烧空气之间的混合几近完美，紊流使热量顺利地从热砂传递到污泥。可以看出，污泥完全燃烧所需的过量空气限值，对流化床焚化炉提供的燃烧环境是否良好影响最为明显。通常，FBC 可以在 20%～50%过量空气的环境下完成完全燃烧，这个量是多膛炉所需过量空气的一半左右。因此，与 MHF 焚化炉相比，FBC 焚化炉所需的燃料通常较少。

流化床焚烧炉最常使用文丘里洗涤器或文丘里与冲击盘洗涤器结合使用进行排放控制。

2.1.3 电红外焚化炉

第一台电红外焚化炉于 1975 年安装到位，但后来并未普遍使用。电红外焚化炉是由水平导向的绝缘炉体构成。丝网带式传输机加长了炉体的长度，红外加热元件位于传送带上方的炉顶。燃烧空气由烟气预加热，喷入炉体的出料端。电红外焚化炉包括很多预制模块，可以连在一起组成所需的长度。图 2-3 展示了典型电红外炉的截面。

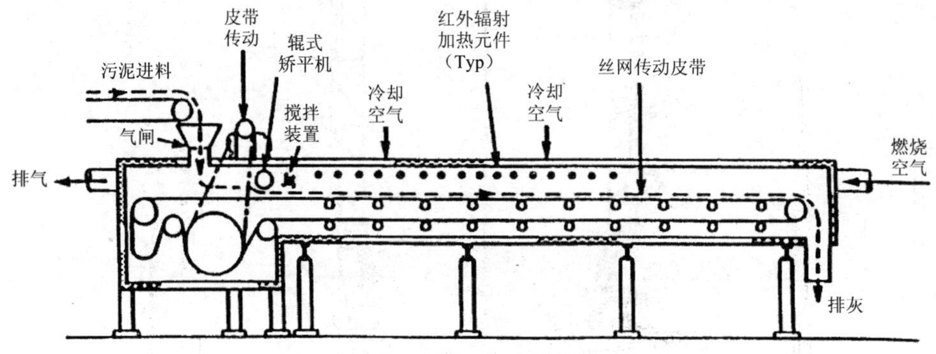

图 2-3 电红外炉截面

脱水的污泥饼送入焚化炉的一端，内部的滚轮结构将污泥压平，成为厚度约 1 英尺并与传送带同宽的连续层。行进到红外加热元件下方时，污泥逐渐被烘干，然后燃烧。灰渣排至炉体另一端的灰斗。预加热的燃烧空气进入灰斗上方的炉膛，然后被排出的灰渣进一步加热。气流的方向与污泥沿传送带移动的方向相反。废气在进料端排出炉体。过量空气率在 20%～70%变动。

与 MHF 和 FBC 技术相比，电红外炉的优点是成本造价低，尤其是小型电红外炉。但在某些地区，电费也是一笔不小的花销。另一个问题是各种元件的更换，如丝网皮带和红外线加热器的寿命都只有 3～5 年。

电红外焚化炉的排放通常用文丘里洗涤器或其他一些湿式洗涤器控制。

2.1.4 其他技术

污水污泥的焚化还用到了很多其他技术，其中包括旋风反应器、回转窑和湿式氧化反应器。这些工艺在美国并未广泛使用，这里只做简单介绍。

旋风反应器是容量较小的设备，其结构是立式圆筒燃烧室，浇注耐火材料内衬。预加热的燃烧空气切向高速进入燃烧室，污泥放射状喷向灼热的耐火砖墙。燃烧十分迅速，污泥在燃烧室中的停留时间约为 10 s。灰渣与烟气一起排出。

回转窑通常也是容量较小的设备，炉窑比水平面略有倾斜，上端是污泥进料和燃烧空气的入口。燃烧器位于炉窑的下端。炉窑的圆周方向以大约每秒 15 cm 的速度转动。灰渣积存到燃烧器下方的灰斗中。

湿式氧化工艺严格意义上说并不是焚化，而是在有水存在的条件下加以高温高压的氧化过程（无焰燃烧）。浓缩污泥（固体约占 6%）先被碾碎，与化学当量的压缩空气混合，这样污泥就会被加压。进入加压反应器之前，混合物会通过一系列热交换器循环。反应器的温度控制在 175～315℃（350～600℉），压力通常控制在 7 000～12 500 kPa（1 000～1 800 磅/英尺 ^{2}），蒸汽用于辅助加热。水和残留的灰渣循环带出反应器，最终在水槽或水塘中进行分离。液相再次循环回到处理厂。废气必须进行处理才能消除臭气，可以使用的方法有湿式洗涤、二次燃烧和碳吸附。

2.1.5 共燃与混燃

废水处理厂的污泥通常水含量较高，在某些情况下，惰性物质的含量也相当高，因此燃料净值就会很低。如果污泥与其他可燃物质结合在一起共燃，就能够创造水浓度低且热值高的炉体进料，足够在补充燃料少或没有补充燃料的情况下支撑燃烧。

实际上，任何能够燃烧的物质都可以在共燃过程中与污泥结合。常见的共燃物质包括煤炭、城市生活垃圾、木材废料和农业废物。城市或工业垃圾处理的同时污泥可以自动（自主持续）进料，因此可以解决两种固体废物的处理问题。

与 MSW 一起燃烧污泥有两种基本方法：（1）使用 MSW 燃烧技术，也就是在 MSW 燃烧设备中加入脱水或干燥的污泥；（2）使用污泥燃烧技术，也就是将处理过的 MSW 作为补充燃料添加到污泥燃烧炉中。如果使用后一种方法，MSW 要通过去除不可燃物质、粉碎、空气分类和筛选进行事先处理。垃圾处理得越细致，出现的问题就会越少，如炉床的严重腐蚀、温度控制不佳和耐火砖故障。

2.2 排放物及其控制[1-3]

污水污泥焚化炉可能会排放大量污染物，主要包括：（1）颗粒物；（2）金属；（3）一氧化碳；（4）氮氧化物；（5）二氧化硫；（6）未燃烧的碳氢化合物。污泥部分燃烧会引起不完全燃烧中间产物（Products of Incomplete Combustion，PIC）的排放，如有毒有机化合物。

未控制的颗粒物排放率变动范围很大，这取决于焚化炉的类型、污泥的挥发性和水分含量以及操作方式。一般来说，流化床焚化炉的未控制颗粒物排放量最高，因为悬浮燃烧会导致更多的灰渣夹带在烟气中排出焚化炉。但多膛炉和流化床焚化炉的未控制排放量变动相当大。在三种主要的焚化炉类型中，电红外焚化炉的未控制颗粒物排放率最小，可能是因为污泥在燃烧过程中没有干扰。一般来说，空气流速越快，颗粒物夹带在废气中的概率就会越高。挥发物含量低且水分含量高的污泥需要更多的补充燃料进行燃烧，因此可能会使这种状况加剧。消耗的燃料增多，流过焚化炉的空气量也会增加，但是气流与颗粒排放之间尚未建立直接的联系。

金属排放受污泥金属含量、燃料层温度和颗粒物控制水平等因素的影响。由于燃烧区挥发的金属会在废气流中凝结，因此大多数金属（汞除外）都与细颗粒物有关，并随着细颗粒物的去除而被去除。

一氧化碳的形成是出于两种原因：完全燃烧的可用氧气不足，或过量空气水平过高致使燃烧温度降低。

排放的氮氧化物和硫氧化物主要是氮和硫在污泥中氧化形成的，因此，季节和地区不同，排放量差异很大。

焚化炉类型和操作不同，挥发性有机物（Volatile Organic Compound，VOC）的排放量差异也很大。装有逆流气流装置的焚化炉（如多段炉的设计结构）使未燃烧碳氢化合物的排放概率最大化。在 MHF 中，热空气与潮湿的污泥进料在炉体顶部接触。温度过低无法破坏固体中蒸馏出的任何有机物时，这些有机物会立即从炉体中排出。

由于相关污水处理厂为洗涤器用水提供便利的来源和良好的处理选择，因此以往污水污泥焚化炉排放的颗粒都是由湿式洗涤器控制的。现有污水污泥焚化炉的类型控制范围很广，既包括低压液滴喷射塔和湿式旋风除尘器，又包括高压液滴文丘里洗涤器以及文丘里与冲击盘合体的洗涤器。静电除尘器和袋式除尘器主要是在污泥与城市生活垃圾混燃时使用。多膛焚化炉使用最广泛的控制设备是冲击盘洗涤器。老式设备单独使用盘式洗涤器，新式多膛焚化炉和流化床焚化炉广泛使用的是文丘里与冲击盘合体的洗涤器。大多数电红外焚化炉和很多流化床焚化炉只使用文丘里洗涤器。

典型文丘里与冲击盘合体的洗涤器中，高温气体从焚化炉排出，进入洗涤器的预冷却段或淬冷段。淬冷段的喷嘴将进入的气体冷却，随后淬冷过的气体进入控制设备的文丘里段。文丘里水通常是用泵抽到淬冷器上方的入口堰中，然后进入喉管上方的洗涤器完全淹没喉管。这样可以消除固体堆积，减少磨损。收敛喉管段中高速风产生的紊流使某些洗涤器用水逆转方向，向下流经喉管进入气流。气流夹带的颗粒物会对水粒子和水冷壁造成影响。文丘里水和烟气离开文丘里段后进入溢流肘管，流速下降，这样水和气就会分离。大多数文丘里段都装有可调的喉管，通过对喉管区的限制，可以提高气体线速度，从而增加压降。从某种程度上说，增加文丘里压降就是提高去除效率。根据压降和颗粒大小分布，文丘里洗涤器的颗粒物去除效率一般为60%～99%。

以溢流肘管为基础，气流经过连接到冲击塔塔底的管道。气体速度在到达冲击塔入口时进一步降低，此时气流向上经过多孔冲击盘。水通常从另一侧的入口进入托盘并流过托盘。气体经过托盘上每个孔眼时形成的喷气将水变成气泡，进一步清理固定颗粒。塔顶装有除雾器，用来减少烟囱排出的气体中夹杂的液滴。冲击段可以包含1～4个托盘，但数据表明，大多数设备一般都装有2个或3个托盘。

污水污泥多膛焚化炉的排放因子和排放因子等级参见表2-1至表2-5。污水污泥流化床焚化炉的排放因子参见表2-6至表2-8。电红外焚化炉的可用排放因子参见表2-9。表2-10和表2-11列出了污水污泥焚化炉的累积粒度分布以及与颗粒尺寸对应的排放因子。图2-4、图2-5和图2-6展示了多膛焚化炉、流化床焚化炉和电红外焚化炉的累积粒度分布以及与颗粒尺寸对应的排放因子。

表 2-1 （SI 制和英制）污水污泥多膛焚化炉的标准污染物排放因子[a]

源分类[b]	滤过性颗粒物			二氧化硫			氮氧化物[c]		
	kg/Mg	lb/ton	排放因子等级	kg/Mg	lb/ton	排放因子等级	kg/Mg	lb/ton	排放因子等级
未控制	5.2×10	1.0×10^{2}	B	1.4×10	2.8×10	B	2.5	5.0	C
控制									
旋风式	2.0	4.0	E	2.8	5.6	E			
旋风式/冲击式	4.0×10^{-1}	8.0×10^{-1}	E						
旋风式/文丘里式	2.5×10^{-1}	5.0×10^{-1}	D						
旋风式/文丘里式/冲击式	3.1×10^{-1}	6.2×10^{-1}	E						
静电除尘器									
织物过滤器	2.0×10^{-3}	4.0×10^{-3}	E						
冲击式	7.0×10^{-1}	1.4	B	3.2×10^{-1}	6.4×10^{-1}	D			
文丘里式	1.6	3.2	B	2.3	4.6	E			
文丘里式/冲击式/补燃器									
文丘里式/冲击式	1.1	2.2	A	1.0×10^{-1}	2.0×10^{-1}	E			
文丘里式/冲击式/湿式 ESP	2.0×10^{-1}	4.0×10^{-1}	E						
文丘里式/湿式 ESP									

源分类	一氧化碳[c]			铅[d]			甲烷			总非甲烷有机化合物		
	kg/Mg	lb/ton	排放因子等级	kg/Mg	lb/ton	排放因子等级	kg/Mg	lb/ton	排放因子等级	kg/Mg	lb/ton	排放因子等级
未控制	1.55×10	3.1×10	C	5.0×10^{-2}	1.0×10^{-1}	B				8.4×10^{-1}	1.7	D
控制												
旋风式				3.0×10^{-2}	6.0×10^{-2}	E				1.5	3.0	E
旋风式/冲击式												
旋风式/文丘里式				3.0×10^{-3}	6.0×10^{-3}	E				2.2×10^{-1}	4.4×10^{-1}	E
旋风式/文丘里式/冲击式				1.1×10^{-2}	2.2×10^{-2}	E						
静电除尘器				1.0×10^{-3}	2.0×10^{-3}	E						
织物过滤器												
冲击式				2.0×10^{-2}	4.0×10^{-2}	E	3.9×10^{-1}	7.8×10^{-1}	E	7.8×10^{-1}	1.6	E
文丘里式				9.0×10^{-4}	1.8×10^{-3}	E	3.2	6.4	E			
文丘里式/冲击式/补燃器				5.0×10^{-2}	1.0×10^{-1}	E						
文丘里式/冲击式				3.0×10^{-2}	6.0×10^{-2}	B						
文丘里式/冲击式/												
湿式 ESP												
文丘里式/湿式 ESP				9.0×10^{-5}	1.8×10^{-4}	E						

[a] 以燃烧的干燥污泥排放的污染物为单位。源分类代码（Source Classification Code，SCC）为 5-01-005-15。空白表示无数据。

[b] 湿式 ESP 表示湿式静电除尘器。

[c] NO_x 和 CO 的未控制排放因子适用于所有空气污染物控制设备类型。

[d] 有害空气污染物在《清洁空气法》中列出。

表 2-2 （SI 制和英制）污水污泥多膛焚化炉的酸性气体排放因子[a]

源分类[b]	硫酸			氯化氢[c]		
	g/Mg	lb/ton	排放因子等级	g/Mg	lb/ton	排放因子等级
未控制	6.0×10^{-1}	1.2	D			
控制						
旋风式	3.3×10^{-1}	6.6×10^{-1}	E			
旋风式/冲击式				1.0×10^{-2}	2.0×10^{-2}	E
旋风式/文丘里式				1.0×10^{-2}	2.0×10^{-2}	E
旋风式/文丘里式/冲击式						
静电除尘器						
织物过滤器						
冲击式	5.0×10^{-2}	1.0×10^{-1}	E	1.0×10^{-2}	2.0×10^{-2}	E
文丘里式				1.0×10^{-2}	2.0×10^{-2}	E
文丘里式/冲击式/补燃器						
文丘里式/冲击式	2.0×10^{-1}	4.0×10^{-1}	E			
文丘里式/冲击式/湿式 ESP						
文丘里式/湿式 ESP						

[a] 以燃烧的干燥污泥排放的污染物为单位。源分类代码为 5-01-005-15。空白表示无数据。

[b] 湿式 ESP 表示湿式静电除尘器。

[c] 有害空气污染物在《清洁空气法》中列出。

表 2-3 （SI 制和英制）污水污泥多膛焚化炉的氯代二苯并二噁英（CDD）和氯代二苯并呋喃（CDF）排放因子[a]

排放因子等级：E

源分类[b]	2,3,7,8-TCDD[c]		总 TCDD		总 PCDD	
	μg/Mg	lb/ton	μg/Mg	lb/ton	μg/Mg	lb/ton
未控制			6.3×10	1.3×10^{-7}	2.7	5.4×10^{-9}
控制						
旋风式						
旋风式/冲击式						
旋风式/文丘里式			1.4	2.8×10^{-9}		
旋风式/文丘里式/冲击式	3.0×10^{-1}	6.0×10^{-10}				
静电除尘器						
织物过滤器						
冲击式	5.0×10^{-1}	1.0×10^{-9}	2.8×10	5.6×10^{-8}	3.7	7.4×10^{-9}
文丘里式						
文丘里式/冲击式/补燃器	9.0×10^{-1}	1.8×10^{-9}				
文丘里式/冲击式	2.0	4.0×10^{-9}				
文丘里式/冲击式/湿式 ESP						
文丘里式/湿式 ESP						

源分类[b]	总 HxCDD		总 HpCDD		总 OCDD	
	μg/Mg	lb/ton	μg/Mg	lb/ton	μg/Mg	lb/ton
未控制	6.8×10	1.4×10^{-7}	3.4×10^{2}	6.8×10^{-7}	3.7×10^{2}	7.4×10^{-7}
控制						
旋风式						
旋风式/冲击式						
旋风式/文丘里式			8.0×10^{-1}	1.6×10^{-9}	3.4	6.8×10^{-9}
旋风式/文丘里式/冲击式	4.4	8.8×10^{-9}	1.4×10	2.8×10^{-8}	3.1×10	6.7×10^{-8}
静电除尘器						
织物过滤器						
冲击式	2.4×10	4.8×10^{-8}	7.3×10	1.5×10^{-7}	5.3×10	1.1×10^{-7}
文丘里式						
文丘里式/冲击式/补燃器	6.0×10	1.2×10^{-7}	2.3×10	4.6×10^{-8}	1.2×10	2.4×10^{-8}
文丘里式/冲击式	3.8×10	7.6×10^{-8}	1.5×10	3.0×10^{-8}	1.9×10	3.8×10^{-8}
文丘里式/冲击式/湿式 ESP						
文丘里式/湿式 ESP						

源分类[b]	2,3,7,8-TCDF[c]		总 TCDF[c]		总 PCDF[c]	
	μg/Mg	lb/ton	μg/Mg	lb/ton	μg/Mg	lb/ton
未控制	6.2×10^{2}	1.2×10^{-6}	1.7×10^{3}	3.4×10^{-6}	9.8×10^{2}	2.0×10^{-6}
控制						
旋风式						
旋风式/冲击式						
旋风式/文丘里式	5.6	1.1×10^{-8}	5.0×10	1.0×10^{-7}	1.1×10	2.2×10^{-8}
旋风式/文丘里式/冲击式			1.8×10^{2}	3.8×10^{-7}	5.7×10	1.1×10^{-7}
静电除尘器						
织物过滤器						
冲击式	1.8×10^{2}	3.6×10^{-7}	7.0×10^{2}	1.4×10^{-6}	3.6×10^{2}	7.2×10^{-7}
文丘里式						
文丘里式/冲击式/补燃器	5.4×10	1.1×10^{-7}	3.5×10^{2}	7.0×10^{-7}	1.3×10^{2}	2.6×10^{-7}
文丘里式/冲击式	4.6×10	9.2×10^{-8}	6.0×10^{2}	1.2×10^{-6}	1.3	2.6×10^{-9}
文丘里式/冲击式/湿式 ESP						
文丘里式/湿式 ESP						

源分类[b]	总 HxCDF[c]		总 HpCDF[c]		总 OCDF[c]	
	μg/Mg	lb/ton	μg/Mg	lb/ton	μg/Mg	lb/ton
未控制	9.9×10	2.0×10^{-7}	4.8×10^{2}	9.6×10^{-7}	4.9×10^{2}	9.8×10^{-7}
控制						
旋风式						
旋风式/冲击式						
旋风式/文丘里式	3.4	6.8×10^{-9}	9.0×10^{-1}	1.8×10^{-9}	7.0×10^{-1}	1.4×10^{-9}
旋风式/文丘里式/冲击式	1.8	3.6×10^{-9}	2.9	5.8×10^{-9}	1.8	3.6×10^{-9}
静电除尘器						
织物过滤器						
冲击式	1.1×10^{2}	2.2×10^{-7}	2.0×10^{2}	4.0×10^{-7}	1.5×10^{2}	3.0×10^{-7}
文丘里式						
文丘里式/冲击式/补燃器	7.8×10	1.5×10^{-7}	4.8×10	9.6×10^{-8}	7.7	1.5×10^{-8}
文丘里式/冲击式	5.7×10	1.1×10^{-7}	4.1×10	8.2×10^{-8}	6.3	1.3×10^{-8}
文丘里式/冲击式/湿式 ESP						
文丘里式/湿式 ESP						

源分类[b]	总四到八 CDD		总四到八 CDF	
	μg/Mg	lb/ton	μg/Mg	lb/ton
未控制	8.5×10^2	1.7×10^{-6}	3.8×10^3	7.6×10^{-6}
控制				
旋风式				
旋风式/冲击式				
旋风式/文丘里式	5.6	1.1×10^{-8}	6.6×10	1.3×10^{-7}
旋风式/文丘里式/冲击式	1.1×10^2	2.2×10^{-7}	2.5×10^2	5.0×10^{-7}
静电除尘器				
织物过滤器				
冲击式	1.8×10^2	3.6×10^{-7}	1.5×10^3	3.0×10^{-6}
文丘里式				
文丘里式/冲击式/补燃器	3.1×10^2	6.2×10^{-7}	4.6×10^2	9.2×10^{-7}
文丘里式/冲击式	2.7×10^2	5.4×10^{-7}	9.3×10^2	1.9×10^{-6}
文丘里式/冲击式/湿式 ESP				
文丘里式/湿式 ESP				

[a] 以燃烧的干燥污泥排放的污染物为单位。源分类代码为 5-01-005-15。空白表示无数据。

[b] 湿式 ESP 表示湿式静电除尘器。

[c] 有害空气污染物在《清洁空气法》中列出。

表 2-4 （SI 制和英制）污水污泥多膛焚化炉有机化合物排放总结[a]

源分类[b]	1,1,1-三氯乙烷[c]			1,1-二氯乙烷[c]			1,2-二氯乙烷[c]		
	g/Mg	lb/ton	排放因子等级	g/Mg	lb/ton	排放因子等级	g/Mg	lb/ton	排放因子等级
未控制	6.0×10^{-2}	1.2×10^{-4}	D						
控制									
旋风式									
旋风式/冲击式	1.9	3.8×10^{-3}	E	2.3×10^{-1}	4.6×10^{-4}	E			
旋风式/文丘里式	7×10^{-2}	1.4×10^{-4}	E				4.0×10^{-3}	8.0×10^{-6}	E
旋风式/文丘里式/冲击式									
静电除尘器									
织物过滤器									
冲击式									
文丘里式									
文丘里式/冲击式/补燃器	1.4	2.8×10^{-3}	E				3.0×10^{-2}	6.0×10^{-5}	E
文丘里式/冲击式	6.1×10^{-1}	1.2×10^{-3}	D				1.0×10^{-2}	2.0×10^{-5}	E
文丘里式/冲击式/湿式 ESP									
文丘里式/湿式 ESP									

源分类[b]	1,2-二氯苯			1,3-二氯苯			1,4-二氯苯[c]		
	g/Mg	lb/ton	排放因子等级	g/Mg	lb/ton	排放因子等级	g/Mg	lb/ton	排放因子等级
未控制	3.7×10^{-1}	7.4×10^{-4}	E				4.1×10^{-1}	8.2×10^{-4}	E
控制									
旋风式									
旋风式/冲击式									
旋风式/文丘里式				5.0×10^{-2}	1.0×10^{-4}	E	7.0×10^{-3}	1.4×10^{-5}	E
旋风式/文丘里式/冲击式									
静电除尘器									
织物过滤器									
冲击式									
文丘里式									
文丘里式/冲击式/补燃器									
文丘里式/冲击式	1.9×10^{-1}	3.8×10^{-4}	E	2.0×10^{-2}	4.0×10^{-5}	E	2.4×10^{-1}	4.8×10^{-4}	E
文丘里式/冲击式/湿式 ESP									
文丘里式/湿式 ESP									

源分类[b]	2-硝基苯酚			乙醛[c]			丙酮		
	g/Mg	lb/ton	排放因子等级	g/Mg	lb/ton	排放因子等级	g/Mg	lb/ton	排放因子等级
未控制	6.0	1.2×10^{-2}	E						
控制									
旋风式									
旋风式/冲击式									
旋风式/文丘里式	3.8×10^{-1}	7.6×10^{-4}	E						
旋风式/文丘里式/冲击式									
静电除尘器									
织物过滤器									
冲击式				1.6×10^{-1}	3.2×10^{-4}	E			
文丘里式							3.2	6.4×10^{-3}	E
文丘里式/冲击式/补燃器									
文丘里式/冲击式	1.2	2.4×10^{-3}	E						
文丘里式/冲击式/湿式 ESP									
文丘里式/湿式 ESP									

源分类[b]	乙腈[c]			丙烯氰[c]			苯[c]		
	g/Mg	lb/ton	排放因子等级	g/Mg	lb/ton	排放因子等级	g/Mg	lb/ton	排放因子等级
未控制	2.5×10	5.0×10^{-2}	E	2.5×10	5.0×10^{-2}	E	5.8	1.2×10^{-2}	D
控制									
旋风式									
旋风式/冲击式									
旋风式/文丘里式				1.5×10^{-1}	3.0×10^{-4}	E	3.5×10^{-1}	7.0×10^{-4}	E
旋风式/文丘里式/冲击式									
静电除尘器									
织物过滤器									
冲击式									
文丘里式							1.4×10	2.8×10^{-2}	E
文丘里式/冲击式/补燃器	7.4×10^{-1}	1.5×10^{-3}	E	4.9×10^{-1}	9.8×10^{-4}	E	1.7×10^{-1}	3.4×10^{-4}	E
文丘里式/冲击式	9.7	2.0×10^{-2}	E	1.7×10	3.4×10^{-2}	E	6.3	1.3×10^{-2}	D
文丘里式/冲击式/湿式 ESP									
文丘里式/湿式 ESP									

源分类[b]	邻苯二甲酸二（2-乙基己）酯[c]			溴二氯甲烷			四氯化碳[c]		
	g/Mg	lb/ton	排放因子等级	g/Mg	lb/ton	排放因子等级	g/Mg	lb/ton	排放因子等级
未控制	9.3×10^{-1}	1.9×10^{-3}	E	4.0×10^{-3}	8.0×10^{-6}	E	1.0×10^{-2}	2.0×10^{-5}	E
控制									
旋风式									
旋风式/冲击式									
旋风式/文丘里式	4.0×10^{-2}	8.0×10^{-5}	E				7.0×10^{-3}	1.4×10^{-5}	E
旋风式/文丘里式/冲击式									
静电除尘器									
织物过滤器									
冲击式									
文丘里式				1.5	3.0×10^{-3}	E			
文丘里式/冲击式/补燃器							1.0×10^{-3}	2.0×10^{-6}	E
文丘里式/冲击式	3.2×10^{-1}	6.4×10^{-4}	E				3.0×10^{-2}	6.0×10^{-5}	D
文丘里式/冲击式/湿式 ESP									
文丘里式/湿式 ESP									

源分类[b]	氯苯[c]			三氯甲烷[c]		
	g/Mg	lb/ton	排放因子等级	g/Mg	lb/ton	排放因子等级
未控制	7.5×10^{-1}	1.5×10^{-3}	E	3.0×10^{-2}	6.0×10^{-5}	E
控制						
旋风式						
旋风式/冲击式						
旋风式/文丘里式	6.0×10^{-3}	1.2×10^{-5}	E	2.0×10^{-2}	4.0×10^{-5}	E
旋风式/文丘里式/冲击式						
静电除尘器						
织物过滤器						
冲击式						
文丘里式	4.2	8.4×10^{-3}	E	3.3	6.6×10^{-3}	E
文丘里式/冲击式/补燃器	2.6×10^{-1}	5.2×10^{-4}	E	4.9×10^{-1}	9.8×10^{-4}	E
文丘里式/冲击式	6.0×10^{-1}	1.2×10^{-3}	E	1.3	2.6×10^{-3}	D
文丘里式/冲击式/湿式 ESP						
文丘里式/湿式 ESP						

源分类[b]	乙苯[c]			甲醛[c]			甲基乙基酮[c]		
	g/Mg	lb/ton	排放因子等级	g/Mg	lb/ton	排放因子等级	g/Mg	lb/ton	排放因子等级
未控制	8.0×10^{-1}	1.6×10^{-3}	E				6.1	1.2×10^{-2}	E
控制									
旋风式									
旋风式/冲击式									
旋风式/文丘里式	3.0×10^{-3}	6.0×10^{-6}	E	1.3	2.6×10^{-3}	E			
旋风式/文丘里式/冲击式									
静电除尘器									
织物过滤器									
冲击式									
文丘里式	6.0	1.2×10^{-2}	E	4.0×10^{-1}	8.0×10^{-4}	E	6.1	1.2×10^{-2}	E
文丘里式/冲击式/补燃器	2.0×10^{-2}	4.0×10^{-5}	E				5.0×10^{-2}	1.0×10^{-4}	E
文丘里式/冲击式	1.0	2.0×10^{-3}	D				8.9	1.8×10^{-2}	E
文丘里式/冲击式/湿式 ESP									
文丘里式/湿式 ESP									

源分类[b]	甲基异丁酮[c]			二氯甲烷[c]			萘[c]		
	g/Mg	lb/ton	排放因子等级	g/Mg	lb/ton	排放因子等级	g/Mg	lb/ton	排放因子等级
未控制				4.0×10^{-1}	8.0×10^{-4}	D	9.2	1.8×10^{-2}	E
控制									
旋风式									
旋风式/冲击式	1.0×10^{-2}	2.0×10^{-5}	E						
旋风式/文丘里式				3.0×10^{-1}	6.0×10^{-4}	E	9.7×10^{-1}	1.9×10^{-3}	D
旋风式/文丘里式/冲击式									
静电除尘器									
织物过滤器									
冲击式									
文丘里式									
文丘里式/冲击式/补燃器				4.0×10^{-1}	8.0×10^{-4}	E			
文丘里式/冲击式				9.0×10^{-1}	1.8×10^{-3}	D			
文丘里式/冲击式/湿式 ESP									
文丘里式/湿式 ESP									

源分类[b]	四氯乙烯[c]			苯酚[c]			四氯乙烷[c]		
	g/Mg	lb/ton	排放因子等级	g/Mg	lb/ton	排放因子等级	g/Mg	lb/ton	排放因子等级
未控制	4.0×10^{-1}	8.0×10^{-4}	E	2.2×10	4.4×10^{-2}	E			
控制									
旋风式									
旋风式/冲击式									
旋风式/文丘里式	3.0×10^{-1}	6.0×10^{-4}	E						
旋风式/文丘里式/冲击式									
静电除尘器									
织物过滤器									
冲击式									
文丘里式	2.0×10^{-1}	4.0×10^{-4}	E				1.2×10	2.4×10^{-2}	E
文丘里式/冲击式/补燃器									
文丘里式/冲击式				1.8	3.6×10^{-3}	E			
文丘里式/冲击式/湿式 ESP									
文丘里式/湿式 ESP									

源分类[b]	甲苯[c]			反-1,2-二氯乙烯[c]			三氯乙烷[c]		
	g/Mg	lb/ton	排放因子等级	g/Mg	lb/ton	排放因子等级	g/Mg	lb/ton	排放因子等级
未控制	7.8	1.5×10^{-2}	D	9.0×10^{-2}	1.8×10^{-4}	E	4.0×10^{-1}	8.0×10^{-4}	E
控制									
旋风式									
旋风式/冲击式									
旋风式/文丘里式	3.3	6.6×10^{-3}	E						
旋风式/文丘里式/冲击式									
静电除尘器									
织物过滤器									
冲击式									
文丘里式	1.6×10	3.0×10^{-2}	E						
文丘里式/冲击式/补燃器	6.6×10^{-1}	1.3×10^{-3}	E	4.0×10^{-2}	8.0×10^{-5}	D			
文丘里式/冲击式	6.5	1.3×10^{-2}	D	5.0×10^{-2}	1.0×10^{-4}	E	4.5×10^{-1}	9.0×10^{-4}	E
文丘里式/冲击式/湿式 ESP									
文丘里式/湿式 ESP									

源分类[b]	氯乙烯[c]			混合二甲苯[c]			二甲苯（总体）[c]		
	g/Mg	lb/ton	排放因子等级	g/Mg	lb/ton	排放因子等级	g/Mg	lb/ton	排放因子等级
未控制	6.6	1.3×10^{-2}	E				9.5×10^{-1}	1.9×10^{-3}	E
控制									
旋风式									
旋风式/冲击式									
旋风式/文丘里式	1.0	2.0×10^{-3}	E						
旋风式/文丘里式/冲击式									
静电除尘器	8.0×10^{-1}	1.6×10^{-3}	E						
织物过滤器									
冲击式									
文丘里式				2.0	4.0×10^{-3}	E			
文丘里式/冲击式/补燃器									
文丘里式/冲击式	3.7	7.4×10^{-3}	D						
文丘里式/冲击式/湿式 ESP									
文丘里式/湿式 ESP									

[a] 以燃烧的干燥污泥排放的污染物为单位。源分类代码为 5-01-005-15。空白表示无数据。

[b] 湿式 ESP 表示湿式静电除尘器。

[c] 有害空气污染物在《清洁空气法》中列出。

表 2-5 （SI 制和英制）污水污泥多膛焚化炉金属排放总结[a]

源分类[b]	铝			锑[c]			砷[c]		
	g/Mg	lb/ton	排放因子等级	g/Mg	lb/ton	排放因子等级	g/Mg	lb/ton	排放因子等级
未控制	2.4×10^{2}	4.8×10^{-1}	D	1.5	3.0×10^{-3}	E	4.7	9.4×10^{-3}	B
控制									
旋风式	3.0×10^{-1}	6.0×10^{-4}	E	3.2×10^{-1}	6.4×10^{-4}	E			
旋风式/冲击式									
旋风式/文丘里式							1.0×10^{-1}	2.0×10^{-4}	E
旋风式/文丘里式/冲击式							8.5×10^{-1}	1.7×10^{-3}	E
静电除尘器	3.8×10^{2}	7.6×10^{-2}	E	4.0×10^{-2}	8.0×10^{-5}	E	1.2	2.4×10^{-3}	E
织物过滤器	6.8×10^{-1}		E	4.0×10^{-3}	8.0×10^{-6}	E	3.0×10^{-3}	6.0×10^{-6}	E
冲击式									
文丘里式							5.0×10^{-2}	1.0×10^{-4}	E
文丘里式/冲击式/补燃器							4.0×10^{-2}	8.0×10^{-5}	E
文丘里式/冲击式	9.2×10	1.8×10^{-1}	E	2.4×10^{-1}	4.8×10^{-4}	E	6.1×10^{-1}	1.2×10^{-3}	B
文丘里式/冲击式/湿式 ESP									
文丘里式/湿式 ESP							6.0×10^{-1}	1.2×10^{-3}	E

源分类[b]	钡			铍[c]			镉[c]		
	g/Mg	lb/ton	排放因子等级	g/Mg	lb/ton	排放因子等级	g/Mg	lb/ton	排放因子等级
未控制	1.5×10	$3.0×10^{-2}$	D	$1.5×10^{-1}$	$3.0×10^{-4}$	E	1.6×10	$3.7×10^{-2}$	B
控制									
旋风式	$1.0×10^{-1}$	$2.0×10^{-4}$	E	$9.0×10^{-3}$	$1.8×10^{-5}$	D	1.7×10	$3.4×10^{-2}$	D
旋风式/冲击式									
旋风式/文丘里式							1.3×10	$2.6×10^{-2}$	C
旋风式/文丘里式/冲击式							8.1	$1.6×10^{-2}$	E
静电除尘器	7.4	$1.5×10^{-2}$	E				$1.7×10^{-1}$	$3.4×10^{-4}$	E
织物过滤器	$4.0×10^{-3}$	$8.0×10^{-6}$	E				$1.0×10^{-2}$	$2.0×10^{-5}$	E
冲击式							1.2	$2.4×10^{-3}$	E
文丘里式							$1.1×10^{-1}$	$2.2×10^{-4}$	E
文丘里式/冲击式/补燃器							3.0	$6.0×10^{-3}$	E
文丘里式/冲击式	3.2	$6.4×10^{-3}$	D	$5.0×10^{-3}$	$1.0×10^{-5}$	E	3.3	$6.6×10^{-3}$	E
文丘里式/冲击式/湿式 ESP							$1.0×10^{-1}$	$2.0×10^{-4}$	E
文丘里式/湿式 ESP							$4.0×10^{-2}$	$8.0×10^{-5}$	E

源分类[b]	钙			铬[c]			钴[c]		
	g/Mg	lb/ton	排放因子等级	g/Mg	lb/ton	排放因子等级	g/Mg	lb/ton	排放因子等级
未控制	7.0×10^{2}	1.4	C	1.4×10	2.9×10^{-2}	B	9.0×10^{-1}	1.8×10^{-3}	C
控制									
旋风式	1.2	2.4×10^{-3}	E	1.9	3.8×10^{-3}	D	2.0×10^{-1}	4.0×10^{-4}	E
旋风式/冲击式				4.0×10^{-2}	8.0×10^{-5}	E			
旋风式/文丘里式				5.0×10^{-1}	1.0×10^{-3}	E			
旋风式/文丘里式/冲击式				1.1×10	2.7×10^{-2}	E			
静电除尘器	3.5×10^{2}	7.0×10^{-1}	E	1.4	2.8×10^{-3}	E	3.8×10^{-1}	7.6×10^{-4}	E
织物过滤器	8.0×10^{-2}	1.6×10^{-4}	E	4.0×10^{-2}	8.0×10^{-5}	E	6.0×10^{-3}	1.2×10^{-5}	E
冲击式				9.8	1.9×10^{-2}	E			
文丘里式				5.0×10^{-1}	1.0×10^{-3}	E			
文丘里式/冲击式/补燃器				4.9	9.8×10^{-3}	E			
文丘里式/冲击式	2.6×10^{2}	5.2×10^{-1}	D	2.1	4.2×10^{-3}	E	4.5×10^{-1}	9.0×10^{-4}	D
文丘里式/冲击式/湿式 ESP				1.1×10^{-1}	2.2×10^{-4}	E			
文丘里式/湿式 ESP				1.0×10^{-2}	2.0×10^{-5}	E			

源分类 [b]	铜			金			铁		
	g/Mg	lb/ton	排放因子等级	g/Mg	lb/ton	排放因子等级	g/Mg	lb/ton	排放因子等级
未控制	4.0×10	8.0×10^{-2}	B	3.0×10^{-2}	6.0×10^{-5}	E	5.6×10^{2}	1.1	C
控制									
旋风式	2.7	5.4×10^{-3}	E				1.7	3.4×10^{-3}	E
旋风式/冲击式									
旋风式/文丘里式	1.0	2.0×10^{-3}	E						
旋风式/文丘里式/冲击式									
静电除尘器	2.0×10^{-1}	4.0×10^{-4}	E	9.0×10^{-3}	1.8×10^{-5}	E	2.5×10	5.0×10^{-2}	E
织物过滤器	2.0×10^{-3}	4.0×10^{-6}	E	2.0×10^{-3}	4.0×10^{-6}	E	2.3×10^{-1}	4.6×10^{-4}	E
冲击式									
文丘里式	4.0×10^{-1}	8.0×10^{-4}	E						
文丘里式/冲击式/补燃器	5.8	1.2×10^{-2}	E						
文丘里式/冲击式	5.5	1.1×10^{-2}	D	1.0×10^{-2}	2.0×10^{-5}	E	4.8×10	9.6×10^{-2}	D
文丘里式/冲击式/湿式 ESP									
文丘里式/湿式 ESP	1.0×10^{-2}	2.0×10^{-5}	E						

源分类[b]	锰[c]			镁			汞[c]		
	g/Mg	lb/ton	排放因子等级	g/Mg	lb/ton	排放因子等级	g/Mg	lb/ton	排放因子等级
未控制	9.4	1.9×10^{-2}	C	1.4×10^{2}	2.8×10^{-1}	C			
控制									
旋风式	3.3×10^{-1}	6.6×10^{-4}	E	1.4	2.8×10^{-3}	E	2.3	4.6×10^{-3}	E
旋风式/冲击式									
旋风式/文丘里式							1.6	3.2×10^{-3}	E
旋风式/文丘里式/冲击式									
静电除尘器	3.2×10^{-1}	6.4×10^{-4}	E	8.8	1.8×10^{-2}	E			
织物过滤器	5.0×10^{-3}	1.0×10^{-5}	E	3.0×10^{-2}	6.0×10^{-5}	E			
冲击式							9.7×10^{-1}	1.9×10^{-3}	E
文丘里式									
文丘里式/冲击式/补燃器									
文丘里式/冲击式	8.5×10^{-1}	1.7×10^{-3}	D	4.2	8.4×10^{-3}	D	5.0×10^{-3}	1.0×10^{-5}	E
文丘里式/冲击式/湿式 ESP									
文丘里式/湿式 ESP									

源分类[b]	镍[c]			磷[c]			钾		
	g/Mg	lb/ton	排放因子等级	g/Mg	lb/ton	排放因子等级	g/Mg	lb/ton	排放因子等级
未控制	8.0	1.6×10^{-2}	B	3.8×10^{2}	7.6×10^{-1}	D	5.3×10	1.1×10^{-1}	E
控制									
旋风式	8.0×10^{-2}	1.6×10^{-4}	E	8.9	1.8×10^{-2}	E	9.0×10^{-1}	1.8×10^{-3}	E
旋风式/冲击式	1.3	2.6×10^{-3}	D						
旋风式/文丘里式	3.5×10^{-1}	7.0×10^{-4}	E						
旋风式/文丘里式/冲击式	4.5	9.0×10^{-3}	E						
静电除尘器	2.0	4.0×10^{-3}	E	6.9	1.4×10^{-2}	E			
织物过滤器	1.4×10^{-2}	2.8×10^{-5}	E	2.0×10^{-1}		E			
冲击式	4.1	8.2×10^{-3}	E						
文丘里式	6.0×10^{-2}	1.2×10^{-4}	E	9.6×10^{-1}	1.9×10^{-3}	E			
文丘里式/冲击式/补燃器	9.0×10^{-1}	1.8×10^{-3}	E						
文丘里式/冲击式	9.0×10^{-1}	1.8×10^{-3}	A	1.2×10	2.4×10^{-2}	D	7.3	1.4×10^{-2}	E
文丘里式/冲击式/湿式 ESP									
文丘里式/湿式 ESP	3.0×10^{-3}	6.0×10^{-6}	E						

源分类[b]	硒[c]			硅			银		
	g/Mg	lb/ton	排放因子等级	g/Mg	lb/ton	排放因子等级	g/Mg	lb/ton	排放因子等级
未控制	1.5×10^{-1}	3.0×10^{-4}	D	3.4×10^{2}	6.8×10^{-1}	E	6.5×10^{-1}	1.3×10^{-3}	E
控制									
旋风式				4.6	9.2×10^{-3}	E			
旋风式/冲击式									
旋风式/文丘里式									
旋风式/文丘里式/冲击式									
静电除尘器							6.0×10^{-3}	1.2×10^{-5}	E
织物过滤器	1.2×10^{-1}	2.4×10^{-4}	E				1.0×10^{-4}	2.0×10^{-7}	E
冲击式									
文丘里式	6.0×10^{-2}	1.2×10^{-4}	E				4.0×10^{-1}	8.0×10^{-4}	E
文丘里式/冲击式/补燃器									
文丘里式/冲击式				4.4×10	8.8×10^{-2}	E	9.0×10^{-2}	1.8×10^{-4}	E
文丘里式/冲击式/湿式 ESP									
文丘里式/湿式 ESP									

源分类[b]	钠			硫			锡		
	g/Mg	lb/ton	排放因子等级	g/Mg	lb/ton	排放因子等级	g/Mg	lb/ton	排放因子等级
未控制	4.7×10	9.4×10^{-2}	C	3.6×10^{3}	7.2	D	1.3×10	2.6×10^{-2}	C
控制									
旋风式	1.8	3.6×10^{-3}	E	1.9×10	3.9×10^{-2}	E	5.9	1.2×10^{-2}	E
旋风式/冲击式									
旋风式/文丘里式									
旋风式/文丘里式/冲击式									
静电除尘器	5.5×10^{-1}	1.1×10^{-3}	E				2.0×10^{-1}	4.0×10^{-4}	E
织物过滤器	1.0×10^{-2}	2.0×10^{-5}	E	6.0×10	1.2×10^{-1}	E	2.0×10^{-2}	4.0×10^{-5}	E
冲击式									
文丘里式									
文丘里式/冲击式/补燃器									
文丘里式/冲击式	1.4×10	2.8×10^{-2}	D	1.1×10^{2}	2.2×10^{-1}	E	7.9	1.6×10^{-2}	D
文丘里式/冲击式/湿式 ESP									
文丘里式/湿式 ESP									

源分类[b]	钛			钒			锌		
	g/Mg	lb/ton	排放因子等级	g/Mg	lb/ton	排放因子等级	g/Mg	lb/ton	排放因子等级
未控制	5.1×10	1.0×10^{-1}	C	3.3	6.6×10^{-3}	C	6.6×10	1.3×10^{-1}	C
控制							1.1×10	2.2×10^{-2}	E
旋风式	1.0×10^{-1}	2.0×10^{-4}	E	3.0×10^{-1}	6.0×10^{-4}	E			
旋风式/冲击式									
旋风式/文丘里式							3.8×10	7.6×10^{-2}	E
旋风式/文丘里式/冲击式									
静电除尘器	9.0×10^{-1}	1.8×10^{-3}	E	9.9×10^{-1}	2.0×10^{-3}	E	3.9×10^{-1}	7.8×10^{-4}	E
织物过滤器	6.0×10^{-3}	1.2×10^{-5}	E	2.0×10^{-3}	4.0×10^{-6}	E	4.0×10^{-2}	8.0×10^{-5}	E
冲击式									
文丘里式							4.4	8.8×10^{-3}	E
文丘里式/冲击式/补燃器							3.3×10	6.6×10^{-2}	E
文丘里式/冲击式	3.1	6.2×10^{-3}	D	8.0×10^{-1}	1.6×10^{-3}	E	2.4×10	4.8×10^{-2}	C
文丘里式/冲击式/湿式 ESP									
文丘里式/湿式 ESP							2.0×10^{-1}	4.0×10^{-4}	E

[a] 以燃烧的干燥污泥排放的污染物为单位。源分类代码为 5-01-005-15。空白表示无数据。

[b] 湿式 ESP 表示湿式静电除尘器。

[c] 有害空气污染物在《清洁空气法》中列出。

表 2-6 （SI 制和英制）污水污泥流化床焚化炉的标准污染物排放因子[a]

排放因子等级：E

源分类[b]	颗粒物		二氧化硫		氮氧化物[c]	
	kg/Mg	lb/ton	kg/Mg	lb/ton	kg/Mg	lb/ton
未控制	2.3×10^{2}	4.6×10^{2}	1.5×10^{-1}	3.0×10^{-1}	8.8×10^{-1}	1.7
控制						
旋风式						
旋风式/冲击式						
旋风式/文丘里式						
旋风式/文丘里式/冲击式	5.0×10^{-1}	1.0				
静电除尘器						
织物过滤器						
冲击式	1.3×10^{-1}	2.6×10^{-1}	3.0×10^{-1}	6.0×10^{-1}		
文丘里式	5.7×10^{-1}		9.2	1.8×10		
文丘里式/冲击式/补燃器						
文丘里式/冲击式	2.7×10^{-1}	1.1	4.0×10^{-1}	8.0×10^{-1}		
文丘里式/冲击式/湿式 ESP	1.0×10^{-1}	2.0×10^{-1}				
文丘里式/湿式 ESP						

源分类[b]	一氧化碳[c]		铅[d]		甲烷 VOC	
	kg/Mg	lb/ton	kg/Mg	lb/ton	kg/Mg	lb/ton
未控制	1.1	2.1	2.0×10^{-2}	4.0×10^{-2}		
控制						
旋风式						
旋风式/冲击式						
旋风式/文丘里式						
旋风式/文丘里式/冲击式						
静电除尘器						
织物过滤器			5.0×10^{-6}	1.0×10^{-5}		
冲击式			3.0×10^{-3}	6.0×10^{-3}		
文丘里式					1.6	3.2
文丘里式/冲击式/补燃器						
文丘里式/冲击式			8.0×10^{-2}	1.6×10^{-1}	4.0×10^{-1}	8.0×10^{-1}
文丘里式/冲击式/湿式 ESP			1.0×10^{-6}	2.0×10^{-6}		

[a] 以燃烧的干燥污泥排放的污染物为单位。源分类代码为 5-01-005-16。

[b] 湿式 ESP 表示湿式静电除尘器。

[c] NO_x 和 CO 的未控制排放因子适用于所有空气污染物控制设备类型。

[d] 有害空气污染物在《清洁空气法》中列出。

表 2-7　（SI 制和英制）污水污泥流化床焚化炉的酸性气体和有机化合物排放因子 [a]

排放因子等级：E

污染物	未控制		冲击式		文丘里式/冲击式		旋风式/冲击式	
	g/Mg	lb/ton	g/Mg	lb/ton	g/Mg	lb/ton	g/Mg	lb/ton
硫酸（H_2SO_4）			3.0×10	6.0×10^{-2}	6.0×10	1.2×10^{-1}		
氯化氢（HCl）[b]					5.0×10	1.0×10^{-1}		
2,3,7,8-TCDD[b]					3.0×10^{-7}	6.0×10^{-10}		
总 TCDD					2.2×10^{-6}	4.4×10^{-9}		
总 PCDD	1.1×10^{-6}	2.2×10^{-9}						
总 HxCDD					9.0×10^{-7}	1.8×10^{-9}		
总 HpCDD					9.0×10^{-7}	1.8×10^{-9}		
总 OCDD					4.3×10^{-6}	8.6×10^{-9}		
2,3,7,8-TCDF[b]					2.0×10^{-7}	4.0×10^{-10}		
总 TCDF[b]					6.2×10^{-6}	1.2×10^{-8}		
总 PCDF[b]					5.2×10^{-6}	1.0×10^{-8}		
总 HxCDF[b]					4.1×10^{-6}	8.2×10^{-9}		
总 HpCDF[b]					1.6×10^{-6}	3.2×10^{-9}		
总 OCDF[b]					1.3×10^{-6}	2.6×10^{-9}		
1,1,1-三氯乙烷 [b]					2.6×10^{-1}	5.2×10^{-4}		
1,2-二氯苯					6.4×10	1.3×10^{-1}		

污染物	未控制		冲击式		文丘里式/冲击式		旋风式/冲击式	
	g/Mg	lb/ton	g/Mg	lb/ton	g/Mg	lb/ton	g/Mg	lb/ton
1,4-二氯苯[b]					2.4×10^{2}	4.8×10^{-1}		
苯[b]					2.0×10^{-1}	4.0×10^{-4}		
邻苯二甲酸二（2-乙基己）酯[b]					4.1×10	8.2×10^{-2}		
四氯化碳[b]					1.2×10^{-2}	2.4×10^{-5}		
氯苯[b]					5.0×10^{-3}	1.0×10^{-5}		
三氯甲烷[b]					2.0	4.0×10^{-3}		
乙苯[b]					2.5×10^{-2}	5.0×10^{-5}		
二氯甲烷[b]					7.0×10^{-1}	1.4×10^{-3}		
萘[b]					9.7×10	1.9×10^{-1}		
四氯乙烯[b]					1.2×10^{-1}	2.4×10^{-4}		
甲苯[b]							3.5×10^{-1}	7.0×10^{-4}
三氯乙烷[b]					3.0×10^{-2}	6.0×10^{-5}		

[a] 以燃烧的干燥污泥排放的污染物为单位。源分类代码为 5-01-005-16。空白表示无数据。

[b] 有害空气污染物在《清洁空气法》中列出。

表 2-8 （SI 制和英制）污水污泥流化床焚化炉的金属排放因子[a]

排放因子等级：E

污染物	未控制		冲击式		文丘里式/冲击式		文丘里式/冲击式/湿式 ESP[b]	
	g/Mg	lb/ton	g/Mg	lb/ton	g/Mg	lb/ton	g/Mg	lb/ton
铝					1.9	3.8×10^{-3}		
砷[c]	2.2	4.4×10^{-3}			1.5×10^{-2}	3.0×10^{-5}	5.0×10^{-3}	1.0×10^{-5}
钡					2.4×10^{-1}	4.8×10^{-4}		
铍[c]					2.0×10^{-4}	4.0×10^{-7}	2.0×10^{-4}	4.0×10^{-7}
镉[c]	2.2	4.4×10^{-3}	4.0×10^{-1}	8.0×10^{-4}	5.7×10^{-1}	1.1×10^{-3}	1.0×10^{-3}	2.0×10^{-6}
钙[c]					5.2	1.0×10^{-2}		
铬[c]			3.2×10^{-1}	6.4×10^{-4}	2.5×10^{-1}	5.0×10^{-4}	3.0×10^{-2}	6.0×10^{-5}
铜					3.0×10^{-1}	6.0×10^{-4}		
锰[c]					3.0×10^{-1}	6.0×10^{-4}		
镁					6.0×10^{-1}	1.2×10^{-3}		
汞[c]					3.0×10^{-2}	6.0×10^{-5}		
镍[c]	1.78×10	3.5×10^{-2}			1.7	3.4×10^{-3}	0.0	0.0
钾					6.0×10^{-1}	1.2×10^{-3}		
硒[c]					2.0×10^{-1}	4.0×10^{-4}		
硅					3.2	6.4×10^{-3}		
硫					8.6	1.7×10^{-2}		
锡					3.5×10^{-1}	7.0×10^{-4}		
钛					4.0×10^{-1}	8.0×10^{-4}		
锌					1.0	2.0×10^{-3}		

[a] 以燃烧的干燥污泥排放的污染物为单位。源分类代码为 5-01-005-16。

[b] 湿式 ESP 表示湿式静电除尘器。

[c] 有害空气污染物在《清洁空气法》中列出。

表 2-9 （SI 制和英制）污水污电红外焚化炉的排放因子总结[a]

排放因子等级：E

源分类[b]	颗粒物		二氧化硫		氮氧化物	
	kg/Mg	lb/ton	kg/Mg	lb/ton	kg/Mg	lb/ton
未控制	3.7	7.4	9.2	1.8×10	4.3	8.6
控制						
旋风式						
旋风式/冲击式						
旋风式/文丘里式	1.9	3.8				
旋风式/文丘里式/冲击式						
静电除尘器						
织物过滤器						
冲击式	8.2×10^{-1}	1.6				
文丘里式						
文丘里式/冲击式/补燃器						
文丘里式/冲击式	9.5×10^{-1}	1.9	2.3	4.6	2.9	5.8
文丘里式/冲击式/湿式 ESP						
文丘里式/湿式 ESP						

[a] 以燃烧的干燥污泥排放的污染物为单位。源分类代码为 5-01-005-17。

[b] 湿式 ESP 表示湿式静电除尘器。

表 2-10 （SI 制和英制）污水污泥焚化炉的累积粒度分布[a]

排放因子等级：E

颗粒大小/μm	累积分布（质量百分比）≤规定尺寸				
	未控制		控制（洗涤器）		
	MH[b]	EI[c]	MH	FB[d]	EI
15	15	43	30	7.7	60
10	10	30	27	7.3	50
5.0	5.3	17	25	6.7	35
2.5	2.8	10	22	6.0	25
1.0	1.2	6.0	20	5.0	18
0.625	0.75	5.0	17	2.7	15

[a] 参考文献 5。

[b] MH 表示多膛焚化炉。源分类代码为 5-01-005-15。

[c] EI 表示电红外焚化炉。源分类代码为 5-01-005-17。

[d] FB 表示流化床焚化炉。源分类代码为 5-01-005-16。

表 2-11 （SI 制和英制）污水污泥焚化炉与累积粒度对应的排放因子[a]

排放因子等级：E

颗粒大小/μm	累计排放因子									
	未控制				控制（洗涤器）					
	MH[b]		EI[c]		MH		FB[d]		EI	
	kg/Mg	lb/ton	kg/Mg	lb/ton	kg/Mg	lb/ton	kg/Mg	lb/ton	kg/Mg	lb/ton
15	6.0	1.2×10	4.3	8.6	1.2×10^{-1}	2.4×10^{-1}	2.3×10^{-1}	4.6×10^{-1}	1.2	2.4
10	4.1	8.2	3.0	6.0	1.1×10^{-1}	2.2×10^{-1}	2.2×10^{-1}	4.4×10^{-1}	1.0	2.0
5.0	2.1	4.2	1.7	3.4	1.0×10^{-1}	2.0×10^{-1}	2.0×10^{-1}	4.0×10^{-1}	7.0×10^{-1}	1.4
2.5	1.1	2.2	1.0	2.0	9.0×10^{-2}	1.8×10^{-1}	1.8×10^{-1}	3.6×10^{-1}	5.0×10^{-1}	1.0
1.0	4.7×10^{-1}	9.4×10^{-1}	6.0×10^{-1}	1.2	8.0×10^{-2}	1.6×10^{-1}	1.5×10^{-1}	3.0×10^{-1}	3.5×10^{-1}	7.0×10^{-1}
0.625	3.0×10^{-1}	6.0×10^{-1}	5.0×10^{-1}	1.0	7.0×10^{-2}	1.4×10^{-1}	8.0×10^{-2}	1.6×10^{-1}	3.0×10^{-1}	6.0×10^{-1}

[a] 参考文献 5。

[b] MH 表示多膛焚化炉。源分类代码为 5-01-005-15。

[c] EI 表示电红外焚化炉。源分类代码为 5-01-005-17。

[d] FB 表示流化床焚化炉。源分类代码为 5-01-005-16。

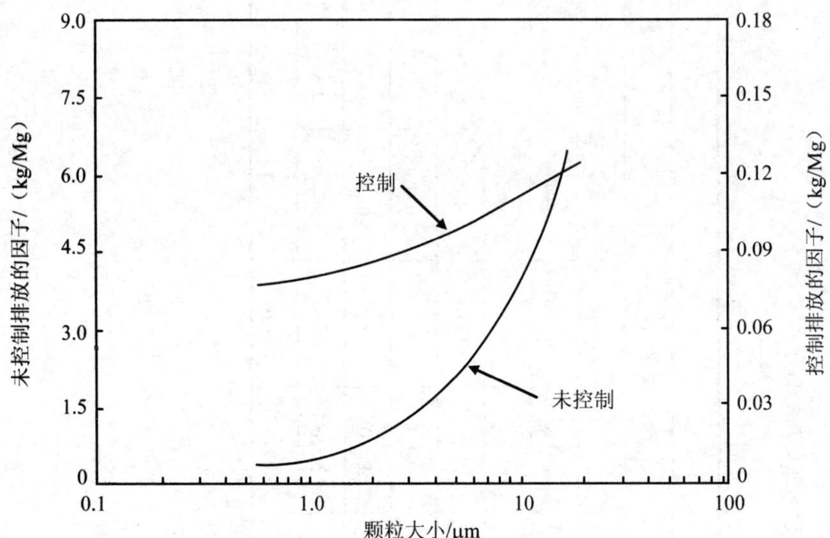

图 2-4　多膛焚化炉的累积粒度分布及与颗粒尺寸对应的排放因子

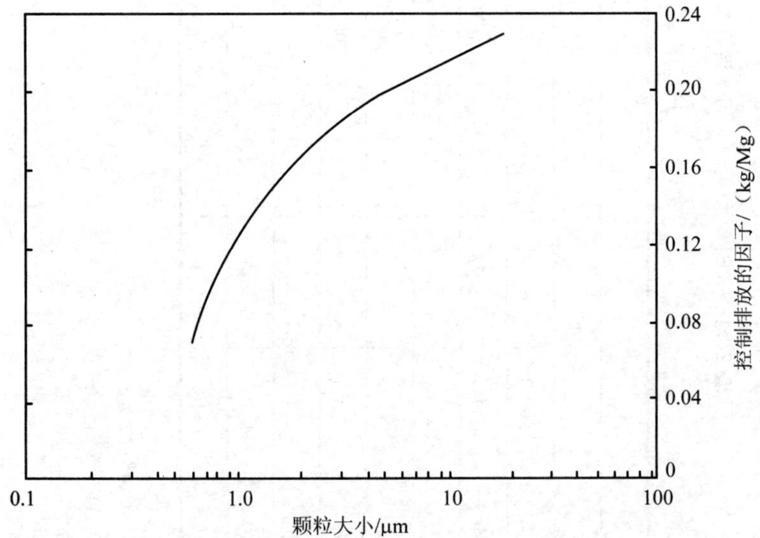

图 2-5　流化床焚化炉的累积粒度分布及与颗粒尺寸对应的排放因子

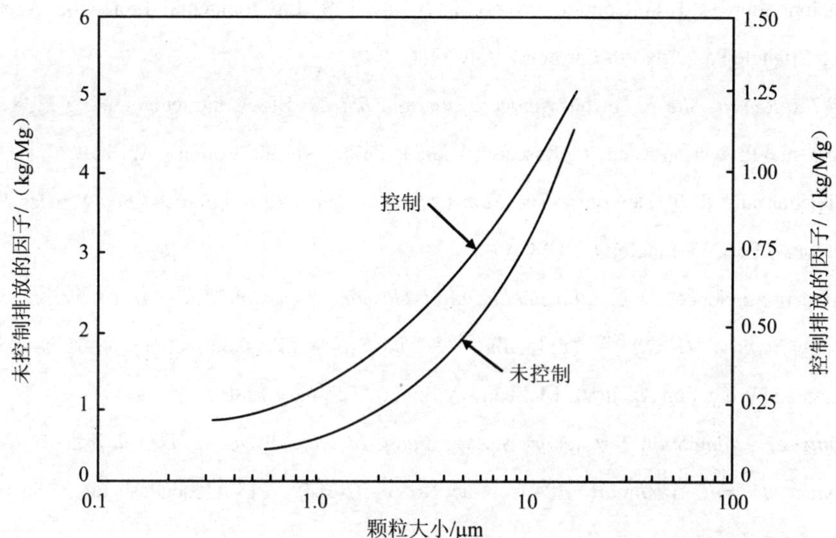

图 2-6 电（红外）焚化炉累积粒度分布及与颗粒尺寸对应的排放因子

2.3 参考文献

1. *Second Review Of Standards Of Performance For Sewage Sludge Incinerators*，EPA-450/3-84-010，U.S. Environmental Protection Agency，Research Triangle Park，North Carolina，March 1984.

2. *Process Design Manual For Sludge Treatment And Disposal*，EPA-625/1-79-011，U.S. Environmental Protection Agency，Cincinnati，Ohio，September 1979.

3. *Control Techniques For Particulate Emissions From Stationary Sources-Volume 1*，EPA-450/3-81-005a，U.S. Environmental Protection Agency，Research Triangle Park，North Carolina，September 1982.

4. *Final Draft Test Report--Site 01 Sewage Sludge Incinerator SSI-A*，National Dioxin Study. Tier 4：Combustion Sources. EPA Contract No. 68-03-3148，U.S. Environmental Protection Agency，Research Triangle Park，North Carolina，July 1986.

5. *Final Draft Test Report--Site 03 Sewage Sludge Incinerator SSI-B*，National Dioxin Study. Tier 4：

Combustion Sources. EPA Contract No. 68-03-3148，U.S. Environmental Protection Agency，Research Triangle Park，North Carolina，July 1986.

6. *Draft Test Report--Site 12 Sewage Sludge Incinerator SSI-C*，EPA Contract No. 68-03-3138，U.S. Environmental Protection Agency，Research Triangle Park，North Carolina，April 1986.

7. M. Trichon and R. T. Dewling，*The Fate Of Trace Metals In A Fluidized-Bed Sewage Sludge Incinerator*，（Port Washington）.（GCA）.

8. Engineering-Science，Inc.，*Particulate And Gaseous Emission Tests At Municipal Sludge Incinerator Plants "O"，"P"，"Q"，And "R"（4 tests）*，EPA Contract No. 68-02-2815，U.S. Environmental Protection Agency，McLean，Virginia，February 1980.

9. *Organics Screening Study Test Report. Sewage Sludge Incinerator No. 13，Detroit Water And Sewer Department，Detroit，Michigan*，EPA Contract No. 68-02-3849，PEI Associates，Inc.，Cincinnati，Ohio，August 1986.

10. *Chromium Screening Study Test Report. Sewage Sludge Incinerator No. 13，Detroit Water And Sewer Department，Detroit Michigan*，EPA Contract No. 68-02-3849，PEI Associates，Inc.，Cincinnati，Ohio，August 1986.

11. *Results Of The October 24，1980，Particulate Compliance Test On The No. 1 Sludge Incinerator Wet Scrubber Stack，MWCC St. Paul Wastewater Treatment Plant in St. Paul，Minnesota*，[STAPPA/ALAPCO/05/27/86-No. 02]，Interpoll Inc.，Circle Pines，Minnesota，November 1980.

12. *Results Of The June 6，1983，Emission Compliance Test On The No. 10 Incinerator System In The F&I 2 Building，MWCC Metro Plant，St. Paul，Minnesota*，[STAPPA/ALAPCO/ 05/27/86-No. 02]，Interpoll Inc.，Circle Pines，Minnesota，June 1983.

13. *Results Of The May 23，1983，Emission Compliance Test On The No. 9 Incinerator System In The F&I 2 Building，MWCC Metro Plant，St. Paul，Minnesota*，[STAPPA/ALAPCO/ 05/27/86-No. 02]，Interpoll Inc.，Circle Pines，Minnesota，May 1983.

14. *Results Of The November 25，1980，Particulate Emission Compliance Test On The No. 4 Sludge Incinerator Wet Scrubber Stack，MWCC St. Paul Wastewater Treatment Plant，St. Paul，Minnesota*，[STAPPA/ALAPCO/05/27/86-No. 02]，Interpoll Inc.，Circle Pines，Minnesota，December，1980.

15. *Results Of The March 28，1983，Particulate Emission Compliance Test On The No. 8 Incinerator，MWCC Metro Plant，St. Paul，Minnesota*，[STAPPA/ALAPCO/05/28/86-No. 06]，Interpoll Inc.，

Circle Pines，Minnesota，April 1983.

16. *Particulate Emission Test Report For A Sewage Sludge Incinerator，City Of Shelby Wastewater Treatment Plant*，[STAPPA/ALAPCO/07/28/86-No. 06]，North Carolina Department of Natural Resources，February 1979.

17. *Source Sampling Evaluation For Rocky River Wastewater Treatment Plant，Concord，North Carolina*，[STAPPA/ALAPCO/05/28/86-No. 06]，Mogul Corp.，Charlotte，North Carolina，July 1982.

18. *Performance Test Report：Rocky Mount Wastewater Treatment Facility*，[STAPPA/ALAPCO/07/28/86-No. 06]，Envirotech，Belmont，California，July 1983.

19. *Performance Test Report For The Incineration System At The Honolulu Wastewater Treatment Plant，Honolulu，Oahu，Hawaii*，[STAPPA/ALAPCO/05/22/86-No. 11]，Zimpro，Rothschild，Wisconsin，January 1984.

20. *（Test Results）Honolulu Wastewater Treatment Plant，Ewa，Hawaii*，[STAPPA/ALAPCO/05/22/86-No. 11]，Zimpro，Rothschild，Wisconsin，November 1983.

21. *Air Pollution Source Test. Sampling And Analysis Of Air Pollutant Effluent From Wastewater Treatment Facility--Sand Island Wastewater Treatment Plant in Honolulu，Hawaii*，[STAPPA/ALAPCO/05/22/86-No. 11]，Ultrachem，Walnut Creek，California，December 1978.

22. *Air Pollution Source Test. Sampling And Analysis Of Air Pollutant Effluent From Wastewater Treatment Facility--Sand Island Wastewater Treatment Plant In Honolulu，Hawaii--Phase II*，[STAPPA/ALAPCO/05/22/86-No. 11]，Ultrachem，Walnut Creek，California，December 1979.

23. *Stationary Source Sampling Report，EEI Reference No. 2988，At The Osborne Wastewater Treatment Plant，Greensboro，North Carolina*，[STAPPA/ALAPCO/07/28/86-No. 06]，Particulate Emissions and Particle Size Distribution Testing. Sludge Incinerator Scrubber Inlet and Scrubber Stack，Entropy，Research Triangle Park，North Carolina，October 1985.

24. *Metropolitan Sewer District--Little Miami Treatment Plant（three tests：August 9，1985，September 16，1980，And September 30，1980）And Mill Creek Treatment Plant（one test：January 9，1986）*，[STAPPA/ALAPCO/05/28/86-No. 14]，Southwestern Ohio Air Pollution Control Agency.

25. *Particulate Emissions Compliance Testing，At The City Of Milwaukee South Shore Treatment Plant，Milwaukee，Wisconsin*，[STAPPA/ALAPCO/06/12/86-No. 19]，Entropy，Research Triangle Park，North Carolina，December 1980.

26. *Particulate Emissions Compliance Testing，At The City of Milwaukee South Shore Treatment Plant，Milwaukee，Wisconsin*，[STAPPA/ALAPCO/06/12/86-No. 19]，Entropy，Research Triangle Park，North Carolina，November 1980.

27. *Stack Test Report--Bayshore Regional Sewage Authority，In Union Beach，New Jersey*，[STAPPA/ALAPCO/05/22/86-No. 12]，New Jersey State Department of Environmental Protection，Trenton，New Jersey，March 1982.

28. *Stack Test Report--Jersey City Sewage Authority，In Jersey City，New Jersey*，[STAPPA/ALAPCO/05/22/86-No. 12]，New Jersey State Department of Environmental Protection，Trenton，New Jersey，December 1980.

29. *Stack Test Report--Northwest Bergen County Sewer Authority，In Waldwick，New Jersey*，[STAPPA/ALAPCO/05/22/86-No. 12]，New Jersey State Department of Environmental Protection，Trenton，New Jersey，March 1982.

30. *Stack Test Report--Pequannock，Lincoln Park，And Fairfield Sewerage Authority，In Lincoln Park，New Jersey*，[STAPPA/ALAPCO/05/22/86-No.12]，New Jersey State Department of Environmental Protection，Trenton，New Jersey，December 1975.

31. *Atmospheric Emission Evaluation，Of The Anchorage Water And Wastewater Utility Sewage Sludge Incinerator*，ASA，Bellevue，Washington，April 1984.

32. *Stack Sampling Report For Municipal Sewage Sludge Incinerator No. 1，Scrubber Outlet（Stack），Providence，Rhode Island*，Recon Systems，Inc.，Three Bridges，New Jersey，November 1980.

33. *Stack Sampling Report，Compliance Test No. 3，At The Attleboro Advanced Wastewater Treatment Facility，In Attleboro，Massachusetts*，David Gordon Associates，Inc.，Newton Upper Falls，Massachusetts，May 1983.

34. *Source Emission Survey，At The Rowlett Creek Plant*，North Texas Municipal Water District，Plano，Texas，Shirco，Inc.，Dallas，Texas，November 1978.

35. *Emissions Data For Infrared Municipal Sewage Sludge Incinerators（Five tests）*，Shirco，Inc.，Dallas，Texas，January 1980.

36. *Electrostatic Precipitator Efficiency On A Multiple Hearth Incinerator Burning Sewage Sludge*，Contract No. 68-03-3148，U.S. Environmental Protection Agency，Research Triangle Park，North Carolina，August 1986.

37. *Baghouse Efficiency On A Multiple Hearth Incinerator Burning Sewage Sludge*，Contract No. 68-03-3148，U.S. Environmental Protection Agency，Research Triangle Park，North Carolina，August 1986.

38. J. B. Farrell and H. Wall，*Air Pollution Discharges From Ten Sewage Sludge Incinerators*，U.S. Environmental Protection Agency，Cincinnati，Ohio，August 1985.

39. *Emission Test Report. Sewage Sludge Incinerator*，*At The Davenport Wastewater Treatment Plant*，*Davenport*，*Iowa*，[STAPPA/ALAPCO/11/04/86-No. 119]，PEDCo Environmental，Cincinnati，Ohio，October 1977.

40. *Sludge Incinerator Emission Testing. Unit No. 1 For City Of Omaha*，*Papillion Creek Water Pollution Control Plant*，[STAPPA/ALAPCO/10/28/86-No. 100]，Particle Data Labs，Ltd.，Elmhurst，Illinois，September 1978.

41. *Sludge Incinerator Emission Testing. Unit No. 2 For City Of Omaha*，*Papillion Creek Water Pollution Control Plant*，[STAPPA/ALAPCO/10/28/86-No. 100]，Particle Data Labs，Ltd.，Elmhurst，Illinois，May 1980.

42. *Particulate And Sulfur Dioxide Emissions Test Report For Zimpro On The Sewage Sludge Incinerator Stack at the Cedar Rapids Water Pollution Control Facility*，[STAPPA/ALAPCO/11/04/86-No. 119]，Serco，Cedar Falls，Iowa，September 1980.

43. *Newport Wastewater Treatment Plant*，Newport，Tennessee.（Nichols；December 1979）. [STAPPA/ALAPCO/10/27/86-No. 21].

44. *Maryville Wastewater Treatment Plant Sewage Sludge Incinerator Emission Test Report*，[STAPPA/ALAPCO/10/27/86-No. 21]，Enviro-measure，Inc.，Knoxville，Tennessee，August 1984.

45. *Maryville Wastewater Treatment Plant Sewage Sludge Incinerator Emission Test Report*，[STAPPA/ALAPCO/10/27/86-No. 21]，Enviro-measure，Inc.，Knoxville，Tennessee，October 1982.

46. *Southerly Wastewater Treatment Plant*，*Cleveland*，*Ohio*，*Incinerator No. 3*，[STAPPA/ALAPCO/11/12/86-No. 124]，Envisage Environmental，Inc.，Richfield，Ohio，May 1985.

47. *Southerly Wastewater Treatment Plant*，*Cleveland*，*Ohio. Incinerator No. 1*，[STAPPA/ALAPCO/11/12/86-No. 124]，Envisage Environmental，Inc.，Richfield，Ohio，August 1985.

48. *Final Report For An Emission Compliance Test Program（July 1，1982），At The City Of Waterbury Wastewater Treatment Plant Sludge Incinerator*，*Waterbury*，*Connecticut*，

[STAPPA/ALAPCO/12/17/86-No. 136]，York Services Corp，July 1982.

49. *Incinerator Compliance Test，At The City Of Stratford Sewage Treatment Plant，Stratford，Connecticut*，[STAPPA/ALAPCO/12/17/86-No. 136]，Emission Testing Labs，September 1974.

50. *Emission Compliance Tests At The Norwalk Wastewater Treatment Plant In South Smith Street，Norwalk，Connecticut*，[STAPPA/ALAPCO/12/17/86-No. 136]，York Research Corp，Stamford，Connecticut，February 1975.

51. *Final Report--Emission Compliance Test Program At The East Shore Wastewater Treatment Plant In New Haven，Connecticut*，[STAPPA/ALAPCO/12/17/86-No. 136]，York Services Corp.，Stamford，Connecticut，September 1982.

52. *Incinerator Compliance Test At The Enfield Sewage Treatment Plant In Enfield，Connecticut*，[STAPPA/ALAPCO/12/17/86-No. 136]，York Research Corp.，Stamford，Connecticut，July 1973.

53. *Incinerator Compliance Test At The Glastonbury Sewage Treatment Plant In Glastonbury，Connecticut*，[STAPPA/ALAPCO/12/17/86-No. 136]，York Research Corp.，Stamford，Connecticut，August 1973.

54. *Results of the May 5，1981，Particulate Emission Measurements of the Sludge Incinerator，at the Metropolitan District Commission Incinerator Plant*，[STAPPA/ALAPCO/12/17/86- No. 136]，Henry Souther Laboratories，Hartford，Connecticut.

55. *Official Air Pollution Tests Conducted on the Nichols Engineering and Research Corporation Sludge Incinerator at the Wastewater Treatment Plant in Middletown，Connecticut*，[STAPPA/ALAPCO/12/17/86-No. 136]，Rossnagel and Associates，Cherry Hill，New Jersey，November 1976.

56. *Measured Emissions From The West Nichols-Neptune Multiple Hearth Sludge Incinerator At The Naugatuck Treatment Company In Naugatuck，Connecticut*，[STAPPA/ALAPCO/ 12/17/86-No. 136]，The Research Corp.，East Hartford，Connecticut，April 1985.

57. *Compliance Test Report--（August 27，1986），At The Mattabasset District Pollution Control Plant Main Incinerator In Cromwell，Connecticut*，[STAPPA/ALAPCO/12/17/86-No.136]，ROJAC Environmental Services，Inc.，West Hartford，Connecticut，September 1986.

58. *Stack Sampling Report（May 21，1986）City of New London No. 2 Sludge Incinerator Outlet Stack Compliance Test*，[STAPPA/ALAPCO/12/17/86-No. 136]，Recon Systems，Inc.，Three Bridges，

New Jersey，June 1986.

59. *Particulate Emission Tests，At The Town of Vernon Municipal Sludge Incinerator in Vernon，Connecticut*，[STAPPA/ALAPCO/12/17/86-No.136]，The Research Corp.，Wethersfield，Connecticut，March 1981.

60. *Non-Criteria Emissions Monitoring Program For The Envirotech Nine-Hearth Sewage Sludge Incinerator，At The Metropolitan Wastewater Treatment Facility In St. Paul，Minnesota*，ERT Document No. P-E081-500，October 1986.

61. D. R. Knisley，*et al.*，*Site 1 Revised Draft Emission Test Report*，*Sewage Sludge Test Program*，U.S. Environmental Protection Agency，Water Engineering Research Laboratory，Cincinnati，Ohio，February 9，1989.

62. D. R. Knisley，*et al.*，*Site 2 Final Emission Test Report*，*Sewage Sludge Test Program*，U.S. Environmental Protection Agency，Water Engineering Research Laboratory，Cincinnati，Ohio，October 19，1987.

63. D. R. Knisley，*et al.*，*Site 3 Draft Emission Test Report And Addendum*，*Sewage Sludge Test Program. Volume 1：Emission Test Results*，U.S. Environmental Protection Agency，Water Engineering Research Laboratory，Cincinnati，Ohio，October 1，1987.

64. D. R. Knisley，*et al.*，*Site 4 Final Emission Test Report*，*Sewage Sludge Test Program*，U.S. Environmental Protection Agency，Water Engineering Research Laboratory，Cincinnati，Ohio，May 9，1988.

65. R. C. Adams，*et al.*，*Organic Emissions from the Exhaust Stack of a Multiple Hearth Furnace Burning Sewage Sludge*，U.S. Environmental Protection Agency，Water Engineering Research Laboratory，Cincinnati，Ohio，September 30，1985.

66. R. C. Adams，*et al.*，*Particulate Removal Evaluation Of An Electrostatic Precipitator Dust Removal System Installed On A Multiple Hearth Incinerator Burning Sewage Sludge*，U.S. Environmental Protection Agency，Water Engineering Research Laboratory，Cincinnati，Ohio，September 30，1985.

67. R. C. Adams，*et al.*，*Particulate Removal Capability Of A Baghouse Filter On The Exhaust Of A Multiple Hearth Furnace Burning Sewage Sludge*，U.S. Environmental Protection Agency，Water Engineering Research Laboratory，Cincinnati，Ohio，September 30，1985.

68. R. G. McInnes，*et al.*，*Sampling And Analysis Program At The New Bedford Municipal Sewage Sludge Incinerator*，GCA Corporation/Technology Division，U.S. Environmental Protection Agency，Research Triangle Park，North Carolina，November 1984.

69. R. T. Dewling，*et al.*，"Fate And Behavior Of Selected Heavy Metals In Incinerated Sludge." *Journal Of The Water Pollution Control Federation*，Vol. 52，No. 10，October 1980.

70. R. L. Bennet，*et al.*，*Chemical And Physical Characterization Of Municipal Sludge Incinerator Emissions*，Report No. EPA 600/3-84-047，NTIS No. PB 84-169325，U.S. Environmental Protection Agency，Environmental Sciences Research Laboratory，Research Triangle Park，North Carolina，March 1984.

71. Acurex Corporation. *1990 Source Test Data For The Sewage Sludge Incinerator*，Project 6595，Mountain View，California，April 15，1991.

72. *Emissions Of Metals，Chromium，And Nickel Species，And Organics From Municipal Wastewater Sludge Incinerators，Volume I: Summary Report*，U.S. Environmental Protection Agency，Cincinnati，Ohio，1992.

73. L. T. Hentz，*et al.*，*Air Emission Studies Of Sewage Sludge，Incinerators At The Western Branch Wastewater Treatment Plan*，Water Environmental Research，Vol. 64，No. 2，March/April，1992.

74. *Source Emissions Testing Of The Incinerator #2 Exhaust Stack At The Central Costa Sanitary District Municipal Wastewater Treatment Plan，Mortmez，California*，Galson Technical Services，Berkeley，California，October，1990.

75. R. R. Segal，*et al.*，*Emissions Of Metals，Chromium And Nickel Species，And Organics From Municipal Wastewater Sludge Incinerators，Volume II：Site 5 Test Report- Hexavalent Chromium Method Evaluation*，EPA 600/R-92/003a，March 1992.

76. R. R. Segal，*et al.*，*Emissions Of Metals，Chromium And Nickel Species，And Organics From Municipal Wastewater Sludge Incinerators，Volume III：Site 6 Test Report*，EPA 600/R-92/003a，March 1992.

77. A. L. Cone *et al.*，*Emissions Of Metals，Chromium，Nickel Species，And Organics From Municipal Wastewater Sludge Incinerators. Volume 5：Site 7 Test Report CEMS*，Entropy Environmentalists，Inc.，Research Triangle Park，North Carolina，March 1992.

78. R. R. Segal，*et al.*，*Emissions Of Metals，Chromium And Nickel Species，And Organics From*

Municipal Wastewater Sludge Incinerators, *Volume VI*: *Site 8 Test Report*, EPA 600/R-92/003a, March 1992.

79. R. R. Segal, *et al.*, *Emissions Of Metals*, *Chromium And Nickel Species*, *And Organics From Municipal Wastewater Sludge Incinerators*, *Volume VII*: *Site 9 Test Report*, EPA 600/R-92/003a, March 1992.

80. *Stack Sampling For THC And Specific Organic Pollutants At MWCC Incinerators*. Prepared for the Metropolitan Waste Control Commission, Mears Park Centre, St. Paul, Minnesota, July 11, 1991, QC-91-217.

3　医疗垃圾焚化处置

医疗垃圾焚化是指焚烧医院、兽医院和医疗研究机构产生的垃圾，其中既包括有传染性的医疗垃圾，也包括非传染性的普通病房垃圾。本章出现的排放因子代表两种垃圾燃烧时的排放，而不仅仅是传染性垃圾。

医疗垃圾燃烧主要使用三种类型的焚化炉：热解气化型、过量空气型和回转窑型。本书中标识的焚化炉，大多（＞95%）为热解气化型焚化炉，一小部分（<2%）为过量空气型焚化炉，回转窑型焚化炉所占比例不到 1%。回转窑设备体积较大，通常配备空气污染物控制装置。本书中标识的所有焚化炉中，大约 2%都配备了空气污染物控制装置。

3.1　工艺过程说明[1-6]

本节介绍以下类型的焚化：

- 热解气化型
- 过量空气型
- 回转窑型

3.1.1　热解气化型焚化炉

热解气化型焚化炉是使用最广泛的医疗垃圾焚化炉（Medical Waste Incinerator，MWI）技术，占领了医院和同类医疗设施新型设备的市场。这种技术也叫作缺氧型焚化、两级焚化或模块化燃烧。图 3-1 为典型的热解气化型焚化炉示意图。

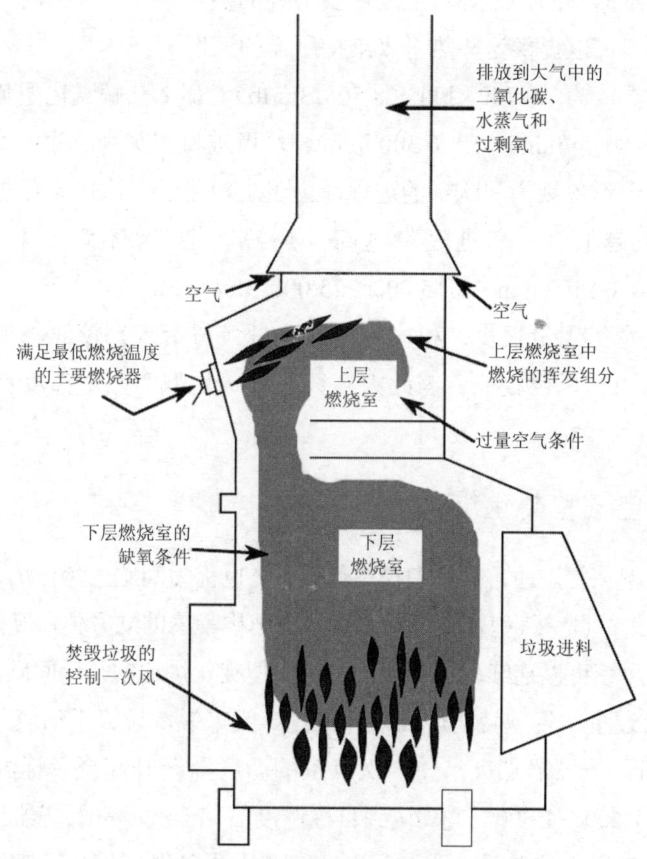

图 3-1 热解气化型焚化炉

热解气化型焚化炉的垃圾燃烧分为两个阶段。

第一阶段，垃圾填入一次风室或下层燃烧室，燃烧需要的空气量少于化学当量。燃烧空气进入焚化炉炉床下部（垃圾燃烧层的下方）的一次风室，这些空气称为一次风。在一次（缺氧型）燃烧室中，低空燃比有利于垃圾和灰渣中大多数残留碳的挥发和烘干。在上述条件下，燃烧气体的温度相对较低［760～980℃（1 400～1 800℉）］。

第二阶段，在一次风室中形成的挥发性气体中加入过量空气完成燃烧。二次风室比一次风室的温度高，通常为 980～1 095℃（1 800～2 000℉）。根据废品的热值和水分含量的不同，燃烧可能还需要另外的热量，二次（上层）燃烧室入口处的辅助燃烧器可以提供这些热量来维持所需的温度。

假定燃料热值为 19 700 kJ/kg（8 500 Btu/lb），那么热解气化型焚化炉的垃圾进料量为 0.6～50 kg/min（75～6 500 lb/h）。垃圾进料和灰渣清除可以手动也可以自动，这取决于设备规模和购买的选项。由于进料量受一次风室释热率的限制，因此垃圾热值越低，物料通过量越高。热解气化型焚化炉的释热率通常为 430 000～710 000 kJ/（h·m^3）[15 000～25 000 Btu/（h·ft^3）]。

一次风室空气用量很少，相应的烟气流量（与紊流）较低，排出一次风室气体中夹带的固体量也较低；因此大多数热解气化型焚化炉都没有附加气体净化装置。

3.1.2 过量空气型焚化炉

过量空气型焚化炉通常为小型模块化设备，也称为间歇式焚化炉、多室焚化炉或干馏焚化炉。过量空气型焚化炉通常是一个结构紧凑的立方体，带有一套内部燃烧室和挡板。尽管可以连续运行，但过量空气型焚化炉通常是以间歇模式运行。

图 3-2 为过量空气型焚化炉的示意图。一般来说，垃圾手动填入燃烧室，随后加料门关闭，补燃器点火，使二次风室的温度渐渐升高至目标温度［通常是 870～980℃（1 600～1 800℉）］。达到目标温度后，一次风室燃烧器点火。垃圾烘干、点燃和焚烧所需的热量主要由一次风室燃烧器提供，还有一部分来自炉墙辐射。垃圾中的水分和挥发组分蒸发掉，从一次风室与燃烧气体一起排出，途经一个将一次风室与二次风室或混合室连接在一起的火焰通口。二次风经过火焰通口加入，与二次风室中的挥发组分混合。二次风室中还安装了燃烧器，用来维持挥发性气体燃烧所需的温度。排出二次风室的气体直接进入焚化炉烟囱或空气污染物控制设备。消耗垃圾时，主燃烧器关闭，补燃器在一段时间后也会关闭。燃烧室冷却后，灰渣手动从一次风室底部清除，然后充填新的垃圾入内。

燃烧普通医院垃圾的焚化炉在过量空气水平不超过300%的条件下运行。如果焚烧的只是病理性垃圾，常常使用 100%的过量空气水平。较少的过量空气对于燃烧高水分垃圾时维持较高的燃烧室温度很有助益。过量空气型焚化炉的垃圾进料量通常为 3.8 kg/min（500 lb/h）或更少。

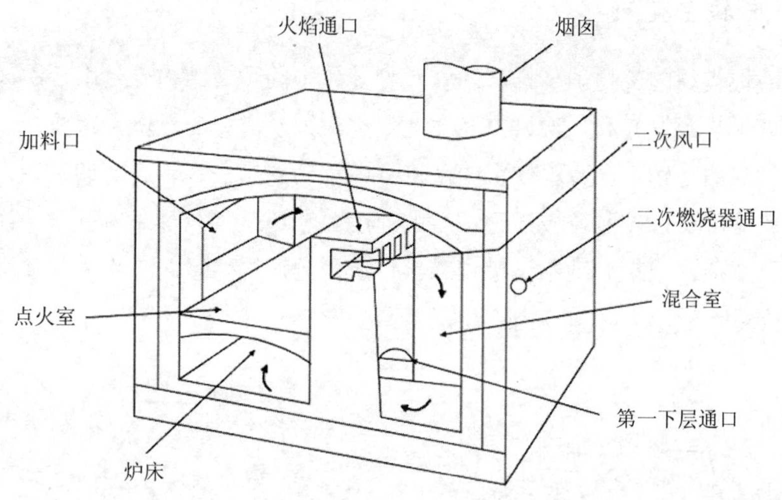

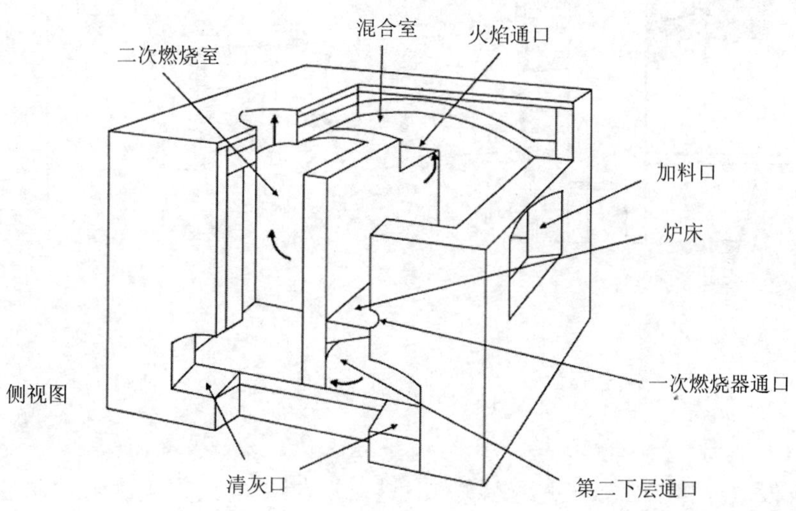

图 3-2 过量空气型焚化炉

3.1.3 回转窑型焚化炉

与其他类型的焚化炉一样，回转窑型焚化炉的设计结构也是由一次风室（垃圾在此处加热蒸发）和二次风室（在此处完成挥发成分的燃烧）组成。一次风室是略微倾斜的回转窑，废料在窑中从进料端移动到排灰端。通过调整炉窑旋转速度和倾斜角度可以控制垃圾通过炉窑的速度。燃烧空气经过风口进入一次风室。辅助燃烧器通常用来启动燃烧进程和维持所需的燃烧温度。一次风室和二次风室通常都浇注耐酸耐火砖作为内衬，示意图如图 3-3 所示。

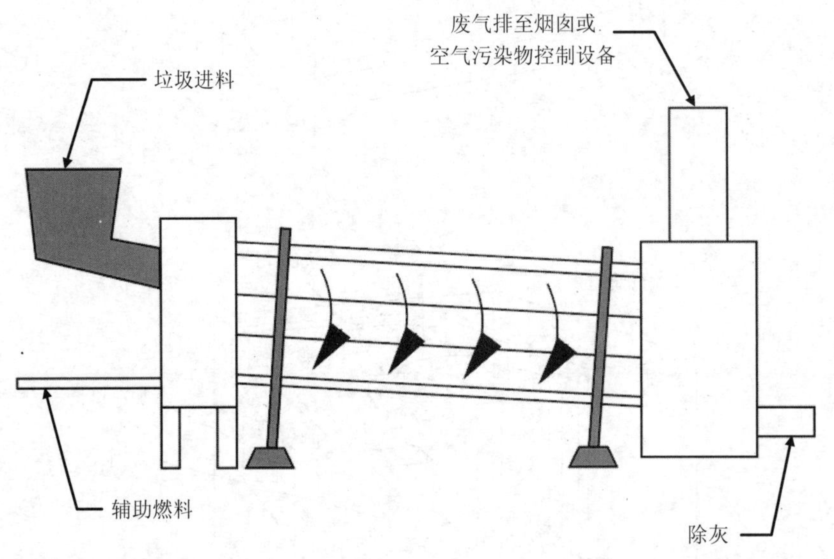

图 3-3 回转窑型焚化炉

挥发成分和燃烧气体途经一次风室进入二次风室，二次风室在过量空气条件下运行。挥发成分的燃烧在二次风室完成。由于垃圾在一次风室中的紊流运动，回转窑型焚化炉烟气中的固体燃尽率和颗粒夹带，一般比其他焚化炉高，因此通常安装有附加气体净化装置。

3.2 排放物及其控制[2, 4, 7-43]

医疗垃圾焚化炉会向大气中排放大量污染物，其中包括：（1）颗粒物；（2）金属；（3）酸性气体；（4）氮氧化物；（5）一氧化碳；（6）有机物；（7）医疗垃圾中存在的其他物质（如病原体、细胞毒素和放射性诊断材料）。

颗粒物的排放是有机物（如碳烟）燃烧不完全造成的，由于燃烧气体的紊流运动夹带在不燃性灰渣中。颗粒物通常以固态或气溶胶排出，其中包含重金属、酸和微量有机物。

未控制的颗粒物排放率变动范围很大，这取决于焚化炉的类型、垃圾的成分及使用的操作方式。焚化炉废气中 PM 的夹带量主要受含固体废物的燃烧室中气体速度的影响。控制空气的焚化炉湍流强度最小，因此 PM 排放最少；回转窑型焚化炉属于强湍流燃烧，因此 PM 排放最多。

烟气中微量金属的类型和数量与垃圾中所含的金属直接相关。金属排放受颗粒物控制水平和烟气温度影响。大多数金属（汞除外）是以密集细颗粒的形态呈现，可通过最大限度地收集小颗粒来进行清除。由于蒸气压力高，汞不会以密集颗粒的形态呈现，清除量与气流中收集的小颗粒并非函数关系［温度高于 150℃（300℉）的条件下］。

氯化氢和二氧化硫在 MWI 烟气中的酸性气体浓度与垃圾中氯和硫的含量密切相关。大多数氯［以聚氯乙烯（PVC）的形式在垃圾内化学结合］会转化为 HCl。硫也在组成医疗垃圾的物质内化学结合，燃烧过程中经过氧化形成 SO_2。

氮氧化物主要是 NO 和 NO_2 的混合物，是在燃烧过程中通过以下方式形成的：（1）垃圾中化学结合的氮经过氧化；（2）分子态氮与燃烧空气中的氧发生反应。NO_x 的形成取决于燃料氮化合物的数量、火焰温度和空燃比。

一氧化碳是燃烧不完全的产物，可能与燃烧区的氧气、燃烧（停留）时间、温度和紊流（空燃混合）不足有关。

垃圾中的有机材料无法完成完全燃烧，就会导致各种有机化合物的排放。不完全燃烧产物（Product of Incomplete Combustion，PIC）包括分子量小的碳氢化合物（如甲烷和乙烷）和分子量大的化合物［如多氯二苯并二噁英和多氯二苯并呋喃（Chlorinated Dibenzo-p-dioxins and Dibenzofurans，CDD/CDF）]。一般来说，满足控制 CO 排放的燃烧条件（如充足的氧气、温度、停留时间和紊流）会使大多数有机物的排放量降至最少。

MWI 的 CDD/CDF 既可以作为蒸气，也可以作为细颗粒排放出来。人们普遍认为，CDD/CDF 的形成有很多因素，这些化合物形成也有很多理论学说。简而言之，大家最认可的理论包括四种形成机制[2]。第一种理论表明，垃圾进料中存在的微量 CDD/CDF 未燃烧就随着烟气排出。第二种理论表明，CDD/CDF 是由相似结构的氯化前体物质形成。在相对较高的温度下或相对较低的温度下（如湿式洗涤装置中）燃烧，前体物质都有可能转化为 CDD/CDF。第三种理论表明，CDD/CDF 化合物是由各种有机物和氯供体形成的合成物。第四种理论表明，CDD/CDF 是飞灰颗粒在低温下发生催化反应形成的。

到目前为止，大多数 MWI 都未安装附加 APCD，只有很小部分（大约 2%）的 MWI 使用 APCD。最常用的控制设备是湿式洗涤器和织物过滤器。主要的 PM 控制设备是织物过滤器，其他 PM 控制设备包括文丘里洗涤器和静电除尘器。除了湿式洗涤，经常用于酸性气体控制的还有烟道喷射和喷雾干燥器。

湿式洗涤器使用气液吸收的方式将污染物从气体转换为液流。洗涤器结构设计和液体溶剂类型很大程度上决定了污染物的去除效率。如果使用清水，酸性气体 HCl 的去除效率可以高达 70%，SO_2 去除率为 30%。如果在洗涤器液体中加入碱性试剂进行酸中和，酸性气体的去除率可以达到 93%～96%。

湿式洗涤器通常根据克服通过设备的压降所需的能量来分类。低能耗洗涤器（喷淋塔）仅用于酸性气体控制，截面通常为圆形。液体穿过塔中上升的气体向下喷淋，酸性气体被洗涤液吸收或中和。低能耗洗涤器主要去除直径大于 5～10 μm 的颗粒。

中能耗洗涤器用于颗粒物和酸性气体的控制，主要依靠冲击的方法去除 PM。可以通过很多配置来完成冲击，如填料塔、隔板和液体冲击洗涤器。

文丘里洗涤器是高能耗设备，主要用于 PM 控制。典型的文丘里洗涤器由收缩段和扩散段组成，中间由喉管段连接。液体（通常是水）引入喉管上游的气流，烟气撞击收缩段中液流，气体经过喉管时，剪切作用使液体分裂为液滴。然后气体减速通过扩散段，使颗粒和液滴之间进一步接触，液滴随即从气流中清除（通过旋风式分离器、除雾器或旋涡叶片分离器）。

织物除尘设备（袋式除尘器）由过滤元件（滤袋）及滤袋清洗系统组成，外面是与灰斗一体的防尘罩结构。充满颗粒的气体经过滤袋，颗粒留在织物上游，从而净化气体。FF 通常划分为几个隔间或区段。在 FF 的滤袋形成粉尘层后，除尘效率和通过滤袋的压降都会增加。由于设备无法在逐渐增加的压降下连续运行，因此滤袋需要定期清洗。清洗过程包括逆风滤袋塌陷法、脉冲反吹法和机械振动法。逆风法和机械振动法是在滤袋内侧收集颗粒物，脉冲反吹法是在滤袋外侧收集颗粒物。逆风式 FF 滤袋表面每单位面积的气体流量（气布比），一般低于脉冲反吹式，因此对于同样的气体流速，其体积更大，成本更高。织物过滤器的 PM 去除效率非常高（>99.9%），对细颗粒物的控制也十分有效，由此就可以有效控制细颗粒物中夹带的金属和有机物。

ESP 收集颗粒分为三步：（1）使悬浮颗粒荷电；（2）荷电的尘粒向极性相反的集尘电极运动；（3）收集到的 PM 从集尘电极脱离，收集到灰斗中日后处理。

颗粒荷电通常是由高压电晕生成的离子形成的。用高压变压器和整流器将交流电转换为直流电，可提供颗粒荷电所需的电场和电晕。颗粒物的去除通过敲击或振动集尘电极板的机械方式完成。ESP 因其控制总 PM 排放的可靠性和效率都很高而得到广泛应用，但其细颗粒和金属的排放控制效率低于 FF（精心设计的大型 ESP 除外）。

烟道喷射是控制酸性气体的另一种方法，就是将干燥的碱性物质喷入管道内干燥文丘里管中的烟气，或喷入颗粒控制设备前面的管道，然后碱性物质与烟气中的酸发生中和反应。在 DSI 下游使用织物过滤器可以：（1）控制焚化炉生成的 PM；（2）捕获 DSI 反应产物和未反应的吸收剂；（3）增加吸收剂与酸性气体的接触时间（从而提高酸性气体的去除效率和吸收剂的利用率）。织物过滤器常与 DSI 一起使用，为吸收剂与酸性气体提供更多接触。由于在近似恒功率下运行，因此相较于其他 PM 控制设备，PM 负载变化或燃烧紊乱对于织物过滤器的影响较小。ESP 与 DSI 一起使用的缺点是吸附剂会增加所收集 PM 的电阻系数，这样会导致 PM 荷电更加困难，故而难以收集。高电阻可以通过烟气调质或增加 ESP 极板面积和大小来抵消。

影响 DSI 性能的主要因素有烟气温度、酸性气体露点（酸性气体的凝结温度）

以及吸收剂与酸性气体的比率。烟气与露点温度之间的差距减小或吸收剂与酸性气体比率增加时，DSI 的性能会有所提高。使用 DSI 去除酸性气体的效率还取决于吸收剂类型以及吸收剂与烟气的混合程度。已成功应用的吸收剂包括氢氧化钙［$Ca(OH)_2$］、氢氧化钠（NaOH）和碳酸氢钠（$NaHCO_3$）。正常操作条件下，DSI 用氢氧化钙可以去除 80%～95%的 HCl 和 40%～70%的 SO_2。

与湿式洗涤器相比，DSI 最主要的优点是吸收剂的准备、处理和喷射都相对简单，干燥固体垃圾的处理和处置更加容易；主要缺点是吸收剂利用率低，造成吸收剂及其垃圾处置率相应地提高。

喷雾干燥过程中，石灰浆液通过旋转式雾化器或双流体喷嘴喷入 SD。浆液中的水分蒸发使烟气冷却，石灰与酸性气体反应生成钙盐（可由 PM 控制设备清除）。SD 的作用是在干燥产物脱离 SD 吸收剂容器之前为其提供充足的接触和停留时间。在吸收剂容器中的停留时间通常为 10～15 s。脱离 SD 的颗粒（飞灰、钙盐和未反应的熟石灰）由 FF 或 ESP 收集。

表 3-1 至表 3-14 列出了控制空气焚化炉的排放因子和排放因子等级。对于使用湿式洗涤器控制的排放，分别列出了低能耗、中能耗和高能耗湿式洗涤器的排放因子。对于使用中能耗湿式洗涤器/FF 和低能耗湿式洗涤器的未控制和控制排放，表 3-15 列出了控制空气焚化炉的粒度分布数据。表 3-16 至表 3-18 列出了回转窑型焚化炉的排放因子和排放因子等级。由于无法使用公认的方法测量病原体的排放量，因此没有其排放数据。如需获取更多信息，请参见参考文献 8、9、11、12 和 19。

表 3-1 （SI 制和英制）控制空气医疗垃圾焚化炉的氮氧化物、一氧化碳和二氧化硫排放因子[a]

按各因子定级（A—E）

控制水平[b]	NO_x[c]			CO[c]			SO_2[c]		
	lb/ton	kg/Mg	排放因子等级	lb/ton	kg/Mg	排放因子等级	lb/ton	kg/Mg	排放因子等级
未控制	3.56	1.78	A	2.95	1.48	A	2.17	1.09	B
低能耗洗涤器/FF									
中能耗洗涤器/FF							3.75×10^{-1}	1.88×10^{-1}	E
FF							8.45×10^{-1}	4.22×10^{-1}	E
低能耗洗涤器							2.09	1.04	E
高能耗洗涤器							2.57×10^{-2}	1.29×10^{-2}	E
DSI/FF							3.83×10^{-1}	1.92×10^{-1}	E
DSI/碳喷射/FF							7.14×10^{-1}	3.57×10^{-1}	E
DSI/FF/洗涤器							1.51×10^{-2}	7.57×10^{-3}	E
DSI/ESP									

[a] 参考文献 7-43。源分类代码为 5-01-005-05、5-02-005-05。空白表示无数据。

[b] FF 表示织物过滤器。DSI 表示烟道喷射。ESP 表示静电除尘器。

[c] 未控制设施的 NO_x 和 CO 排放因子适用于所有列出的附加控制设备。

表 3-2 （SI 制和英制）控制空气医疗垃圾焚化炉的总颗粒物、铅和总有机化合物排放因子[a]

按各因子定级（A—E）

控制水平[b]	总颗粒物			铅[c]			TOC		
	lb/ton	kg/Mg	排放因子等级	lb/ton	kg/Mg	排放因子等级	lb/ton	kg/Mg	排放因子等级
未控制	4.67	2.33	B	7.28×10^{-2}	3.64×10^{-2}	B	2.99×10^{-1}	1.50×10^{-1}	B
低能耗洗涤器/FF	9.09×10^{-1}	4.55×10^{-1}	E						
中能耗洗涤器/FF	1.61×10^{-1}	8.03×10^{-2}	E	1.60×10^{-3}	7.99×10^{-4}	E			
FF	1.75×10^{-1}	8.76×10^{-2}	E	9.92×10^{-5}	4.96×10^{-5}	E	6.86×10^{-2}	3.43×10^{-1}	E
低能耗洗涤器	2.90	1.45	E	7.94×10^{-2}	3.97×10^{-2}	E	1.40×10^{-1}	7.01×10^{-2}	E
高能耗洗涤器	1.48	7.41×10^{-1}	E	6.98×10^{-2}	3.49×10^{-2}	E	1.40×10^{-1}	7.01×10^{-2}	E
DSI/FF	3.37×10^{-1}	1.69×10^{-1}	E	6.25×10^{-5}	3.12×10	E	4.71×10^{-2}	2.35×10^{-2}	E
DSI/碳喷射/FF	7.23×10^{-2}	3.61×10^{-2}	E	9.27×10^{-5}	4.64×10^{-5}	E			
DSI/FF/洗涤器	2.68	1.34	E	5.17×10^{-5}	2.58×10^{-5}	E			
DSI/ESP	7.34×10^{-1}	3.67×10^{-1}	E	4.70×10^{-3}	2.35×10^{-3}	E			

[a] 参考文献 7-43。源分类代码为 5-01-005-05、5-02-005-05。空白表示无数据。

[b] FF 表示织物过滤器。DSI 表示烟道喷射。ESP 表示静电除尘器。

[c] 有害空气污染物在《清洁空气法》中列出。

表 3-3 （SI 制和英制）控制空气医疗垃圾焚化炉的氯化氢（HCl）和多氯联苯（PCBs）排放因子[a]

按各因子定级（A—E）

控制水平[b]	HCl[c]			PCBs 合计[c]		
	lb/ton	kg/Mg	排放因子等级	lb/ton	kg/Mg	排放因子等级
未控制	3.35×10	1.68×10	C	4.65×10^{-5}	2.33×10^{-5}	E
低能耗洗涤器/FF	1.90	9.48×10^{-1}	E			
中能耗洗涤器/FF	2.82	1.41	E			
FF	5.65	2.82	E			
低能耗洗涤器	1.00	5.01×10^{-1}	E			
高能耗洗涤器	1.39×10^{-1}	6.97×10^{-2}	E			
DSI/FF	1.27×10	6.37	D			
DSI/碳喷射/FF	9.01×10^{-1}	4.50×10^{-1}	E			
DSI/FF/洗涤器	9.43×10^{-2}	4.71×10^{-2}	E			
DSI/ESP	4.98×10^{-1}	2.49×10^{-1}	E			

[a] 参考文献 7-43。源分类代码为 5-01-005-05、5-02-005-05。空白表示无数据。

[b] FF 表示织物过滤器。DSI 表示烟道喷射。ESP 表示静电除尘器。

[c] 有害空气污染物在《清洁空气法》中列出。

表 3-4　（SI 制和英制）控制空气医疗垃圾焚化炉的铝、锑和砷排放因子[a]

按各因子定级（A—E）

控制水平[b]	铝			锑[c]			砷[c]		
	lb/ton	kg/Mg	排放因子等级	lb/ton	kg/Mg	排放因子等级	lb/ton	kg/Mg	排放因子等级
未控制	1.05×10^{-2}	5.24×10^{-3}	E	1.28×10^{-2}	6.39×10^{-3}	D	2.42×10^{-4}	1.21×10^{-4}	B
低能耗洗涤器/FF									
中能耗洗涤器/FF				3.09×10^{-4}	1.55×10^{-4}	E	3.27×10^{-5}	1.53×10^{-2}	E
FF							3.95×10^{-8}	1.97×10^{-8}	E
低能耗洗涤器							1.42×10^{-4}	7.12×10^{-5}	E
高能耗洗涤器				4.08×10^{-4}	2.04×10^{-4}	E	3.27×10^{-5}	1.64×10^{-5}	E
DSI/FF	3.03×10^{-3}	1.51×10^{-3}	E	2.10×10^{-4}	1.05×10^{-4}	E	1.19×10^{-5}	5.93×10^{-6}	E
DSI/碳喷射/FF	2.99×10^{-3}	1.50×10^{-3}	E	1.51×10^{-4}	7.53×10^{-5}	E	1.46×10^{-5}	7.32×10^{-6}	E
DSI/FF/洗涤器									
DSI/ESP							5.01×10^{-5}	2.51×10^{-5}	E

[a] 参考文献 7-43。源分类代码为 5-01-005-05、5-02-005-05。空白表示无数据。

[b] FF 表示织物过滤器。DSI 表示烟道喷射。ESP 表示静电除尘器。

[c] 有害空气污染物在《清洁空气法》中列出。

表 3-5 （SI 制和英制）控制空气医疗垃圾焚化炉的钡、铍和镉排放因子[a]

按各因子定级（A—E）

控制水平[b]	钡			铍[c]			镉[c]		
	lb/ton	kg/Mg	排放因子等级	lb/ton	kg/Mg	排放因子等级	lb/ton	kg/Mg	排放因子等级
未控制	3.24×10^{-3}	1.62×10^{-3}	D	6.25×10^{-6}	3.12×10^{-6}	D	5.48×10^{-3}	2.74×10^{-3}	B
低能耗洗涤器/FF									
中能耗洗涤器/FF	2.07×10^{-4}	1.03×10^{-4}	E				1.78×10^{-4}	8.89×10^{-5}	E
FF									
低能耗洗涤器							6.97×10^{-3}	3.49×10^{-3}	E
高能耗洗涤器							7.43×10^{-2}	3.72×10^{-2}	E
DSI/FF	7.39×10^{-5}	3.70×10^{-5}	E				2.46×10^{-5}	1.23×10^{-5}	E
DSI/碳喷射/FF	7.39×10^{-5}	3.69×10^{-5}	E	3.84×10^{-6}	1.92×10^{-6}	E	9.99×10^{-5}	4.99×10^{-5}	E
DSI/FF/洗涤器							1.30×10^{-5}	6.48×10^{-6}	E
DSI/ESP							5.93×10^{-4}	2.97×10^{-4}	E

[a] 参考文献 7-43。源分类代码为 5-01-005-05、5-02-005-05。空白表示无数据。

[b] FF 表示织物过滤器。DSI 表示烟道喷射。ESP 表示静电除尘器。

[c] 有害空气污染物在《清洁空气法》中列出。

表 3-6 （SI 制和英制）控制空气医疗垃圾焚化炉的铬、铜和铁排放因子[a]

按各因子定级（A—E）

控制水平[b]	铬[c]			铜			铁		
	lb/ton	kg/Mg	排放因子等级	lb/ton	kg/Mg	排放因子等级	lb/ton	kg/Mg	排放因子等级
未控制	7.75×10^{-4}	3.88×10^{-4}	B	1.25×10^{-2}	6.24×10^{-3}	E	1.44×10^{-2}	7.22×10^{-3}	C
低能耗洗涤器/FF									
中能耗洗涤器/FF	2.58×10^{-4}	1.29×10^{-4}	E						
FF	2.15×10^{-6}	1.07×10^{-6}	E						
低能耗洗涤器	4.13×10^{-4}	2.07×10^{-4}	E				9.47×10^{-3}	4.73×10^{-3}	E
高能耗洗涤器	1.03×10^{-3}	5.15×10^{-4}	E						
DSI/FF	3.06×10^{-4}	1.53×10^{-4}	E	1.25×10^{-3}	6.25×10^{-4}	E			
DSI/碳喷射/FF	1.92×10^{-4}	9.58×10^{-5}	E	2.75×10^{-4}	1.37×10^{-4}	E			
DSI/FF/洗涤器	3.96×10^{-5}	1.98×10^{-5}	E						
DSI/ESP	6.58×10^{-4}	3.29×10^{-4}	E						

[a] 参考文献 7-43。源分类代码为 5-01-005-05、5-02-005-05。空白表示无数据。

[b] FF 表示织物过滤器。DSI 表示烟道喷射。ESP 表示静电除尘器。

[c] 有害空气污染物在《清洁空气法》中列出。

表 3-7 （SI 制和英制）控制空气医疗垃圾焚化炉的锰、汞和镍排放因子[a]

按各因子定级（A—E）

控制水平[b]	锰[c]			汞[c]			镍[c]		
	lb/ton	kg/Mg	排放因子等级	lb/ton	kg/Mg	排放因子等级	lb/ton	kg/Mg	排放因子等级
未控制	5.67×10^{-4}	2.84×10^{-4}	C	1.07×10^{-1}	5.37×10^{-2}	C	5.90×10^{-4}	2.95×10^{-4}	B
低能耗洗涤器/FF									
中能耗洗涤器/FF				3.07×10^{-2}	1.53×10^{-2}	E	5.30×10^{-4}	2.65×10^{-4}	E
FF									
低能耗洗涤器	4.66×10^{-4}	2.33×10^{-4}	E	1.55×10^{-2}	7.75×10^{-3}	E	3.28×10^{-4}	1.64×10^{-2}	E
高能耗洗涤器	6.12×10^{-4}	3.06×10^{-4}	E	1.73×10^{-2}	8.65×10^{-3}	E	2.54×10^{-3}	1.27×10^{-3}	E
DSI/FF				1.11×10^{-1}	5.55×10^{-2}	E	4.54×10^{-4}	2.27×10^{-4}	E
DSI/碳喷射/FF				9.74×10^{-3}	4.87×10^{-3}	E	2.84×10^{-4}	1.42×10^{-4}	E
DSI/FF/洗涤器				3.56×10^{-4}	1.78×10^{-4}	E			
DSI/ESP				1.81×10^{-2}	9.05×10^{-3}	E	4.84×10^{-4}	2.42×10^{-4}	E

[a] 参考文献 7-43。源分类代码为 5-01-005-05、5-02-005-05。空白表示无数据。

[b] FF 表示织物过滤器。DSI 表示烟道喷射。ESP 表示静电除尘器。

[c] 有害空气污染物在《清洁空气法》中列出。

表 3-8 （SI 制和英制）控制空气医疗垃圾焚化炉的银和铊排放因子[a]

按各因子定级（A—E）

控制水平[b]	银			铊		
	lb/ton	kg/Mg	排放因子等级	lb/ton	kg/Mg	排放因子等级
未控制	2.26×10^{-4}	1.13×10^{-4}	D	1.10×10^{-3}	5.51×10^{-4}	D
低能耗洗涤器/FF						
中能耗洗涤器/FF	1.71×10^{-4}	8.57×10^{-5}	E			
FF						
低能耗洗涤器						
高能耗洗涤器	4.33×10^{-4}	2.17×10^{-4}	E			
DSI/FF	6.65×10^{-5}	3.32×10^{-5}	E			
DSI/碳喷射/FF	7.19×10^{-5}	3.59×10^{-5}	E			
DSI/FF/洗涤器						
DSI/ESP						

[a] 参考文献 7-43。源分类代码为 5-01-005-05、5-02-005-05。空白表示无数据。

[b] FF 表示织物过滤器。DSI 表示烟道喷射。ESP 表示静电除尘器。

表 3-9 （SI 制和英制）控制空气医疗垃圾焚化炉的三氧化硫（SO_3）和溴化氢（HBr）排放因子[a]

按各因子定级（A—E）

控制水平[b]	SO_3			HBr		
	lb/ton	kg/Mg	排放因子等级	lb/ton	kg/Mg	排放因子等级
未控制				4.33×10^{-2}	2.16×10^{-2}	D
低能耗洗涤器/FF						
中能耗洗涤器/FF				5.24×10^{-2}	2.62×10^{-2}	E
FF						
低能耗洗涤器						
高能耗洗涤器						
DSI/FF						
DSI/碳喷射/FF				4.42×10^{-3}	2.21×10^{-3}	E
DSI/FF/洗涤器	9.07×10^{-3}	4.53×10^{-3}	E			
DSI/ESP						

[a] 参考文献 7-43。源分类代码为 5-01-005-05、5-02-005-05。空白表示无数据。

[b] FF 表示织物过滤器。DSI 表示烟道喷射。ESP 表示静电除尘器。

表 3-10 （SI 制和英制）控制空气医疗垃圾焚化炉的氟化氢和氯气排放因子[a]

按各因子定级（A—E）

控制水平[b]	氟化氢[c]			氯气[c]		
	lb/ton	kg/Mg	排放因子等级	lb/ton	kg/Mg	排放因子等级
未控制	1.49×10^{-1}	7.43×10^{-2}	D	1.05×10^{-1}	5.23×10^{-2}	E
低能耗洗涤器/FF						
中能耗洗涤器/FF						
FF						
低能耗洗涤器						
高能耗洗涤器						
DSI/FF						
DSI/碳喷射/FF	1.33×10^{-2}	6.66×10^{-3}	E			
DSI/FF/洗涤器						
DSI/ESP						

[a] 参考文献 7-43。源分类代码为 5-01-005-05、5-02-005-05。空白表示无数据。

[b] FF 表示织物过滤器。DSI 表示烟道喷射。ESP 表示静电除尘器。

[c] 有害空气污染物在《清洁空气法》中列出。

表 3-11 （SI 制和英制）控制空气医疗垃圾焚化炉的氯代二苯并二噁英排放因子[a]

按各因子定级（A—E）

同类物[b]	未控制			织物过滤器			湿式洗涤器			DSI/FF[c]		
	lb/ton	kg/Mg	排放因子等级	lb/ton	kg/Mg	排放因子等级	lb/ton	kg/Mg	排放因子等级	lb/ton	kg/Mg	排放因子等级
TCDD												
2,3,7,8-	5.47×10^{-8}	2.73×10^{-8}	E	6.72×10^{-9}	3.36×10^{-9}	E	1.29×10^{-10}	6.45×10^{-11}	E	5.61×10^{-10}	2.81×10^{-10}	E
总体	1.00×10^{-6}	5.01×10^{-7}	B	1.23×10^{-7}	6.17×10^{-8}	E	2.67×10^{-8}	1.34×10^{-8}	E	6.50×10^{-9}	3.25×10^{-9}	E
PeCDD												
1,2,3,7,8-							6.08×10^{-10}	3.04×10^{-10}	E			
总体							5.53×10^{-10}	2.77×10^{-10}	E			
HxCDD												
1,2,3,6,7,8-	3.78×10^{-10}	1.89×10^{-10}	E				1.84×10^{-9}	9.05×10^{-10}	E			
1,2,3,7,8,9-	1.21×10^{-9}	6.07×10^{-10}	E				2.28×10^{-9}	1.14×10^{-9}	E			
1,2,3,4,7,8-							9.22×10^{-10}	4.61×10^{-10}	E			
总体							5.77×10^{-10}	2.89×10^{-10}	E			
HpCDD												
1,2,3,4,6,7,8-	5.23×10^{-9}	2.62×10^{-9}	E				6.94×10^{-9}	3.47×10^{-9}	E			
总体							1.98×10^{-9}	9.91×10^{-10}	E			
OCDD-总体	2.21×10^{-8}	1.11×10^{-8}	E									
总 CDD	2.13×10^{-5}	1.07×10^{-5}	B	2.68×10^{-6}	1.34×10^{-6}	E	1.84×10^{-6}	9.18×10^{-7}	E	3.44×10^{-7}	1.72×10^{-7}	E

[a] 参考文献 7-43。源分类代码为 5-01-005-05、5-02-005-05。空白表示无数据。

[b] 有害空气污染物在《清洁空气法》中列出。

[c] FF 表示织物过滤器。DSI 表示烟道喷射。

表 3-12 （SI 制和英制）控制空气医疗垃圾焚化炉的氯代二苯并二噁英排放因子[a]

按各因子定级（A—E）

同类物[b]	DSI/碳喷射/FF[c]			DSI/ESP[d]		
	lb/ton	kg/Mg	排放因子等级	lb/ton	kg/Mg	排放因子等级
TCDD						
2,3,7,8-	8.23×10^{-10}	4.11×10^{-10}	E	1.73×10^{-10}	8.65×10^{-11}	E
总体						
PeCDD						
1,2,3,7,8-						
总体						
HxCDD						
1,2,3,6,7,8-						
1,2,3,7,8,9-						
1,2,3,4,7,8-						
总体						
HpCDD						
2,3,4,6,7,8-						
1,2,3,4,6,7,8-						
总体						
OCDD-总体						
总 CDD	5.38×10^{-8}	2.69×10^{-8}	E			

[a] 参考文献 7-43。源分类代码为 5-01-005-05、5-02-005-05。空白表示无数据。

[b] 有害空气污染物在《清洁空气法》中列出。

[c] FF 表示织物过滤器。DSI 表示烟道喷射。

[d] ESP 表示静电除尘器。

表 3-13 （SI 制和英制）控制空气医疗垃圾焚化炉的氯代二苯并呋喃排放因子[a]

按各因子定级（A—E）

同类物[b]	未控制			织物过滤器			湿式洗涤器			DSI/FF[c]		
	lb/ton	kg/Mg	排放因子等级	lb/ton	kg/Mg	排放因子等级	lb/ton	kg/Mg	排放因子等级	lb/ton	kg/Mg	排放因子等级
TCDF												
2,3,7,8-	2.40×10^{-7}	1.20×10^{-7}	E	3.85×10^{-8}	1.97×10^{-8}	E	1.26×10^{-8}	6.30×10^{-9}	E	4.93×10^{-9}	2.47×10^{-9}	E
总体	7.21×10^{-6}	3.61×10^{-6}	B	1.28×10^{-6}	6.39×10^{-7}	E	4.45×10^{-7}	2.22×10^{-7}	E	1.39×10^{-7}	6.96×10^{-8}	E
PeCDF												
1,2,3,7,8-	7.56×10^{-10}	3.78×10^{-10}	E				1.04×10^{-9}	5.22×10^{-10}	E			
2,3,4,7,8-	2.07×10^{-9}	1.04×10^{-9}	E				3.07×10^{-9}	1.53×10^{-9}	E			
总体							6.18×10^{-9}	3.09×10^{-9}	E			
HxCDF												
1,2,3,4,7,8-	7.55×10^{-9}	3.77×10^{-9}	E				8.96×10^{-9}	4.48×10^{-9}	E			
1,2,3,6,7,8-	2.53×10^{-9}	1.26×10^{-9}	E				3.53×10^{-9}	1.76×10^{-9}	E			
2,3,4,6,7,8-	7.18×10^{-9}	3.59×10^{-9}	E				9.59×10^{-9}	4.80×10^{-9}	E			
1,2,3,7,8,9-							3.51×10^{-10}	1.76×10^{-10}	E			
总体							5.10×10^{-9}	2.55×10^{-9}	E			
HpCDF												
1,2,3,4,6,7,8-	1.76×10^{-8}	8.78×10^{-9}	E				1.79×10^{-8}	8.97×10^{-9}	E			
1,2,3,4,7,8,9-	2.72×10^{-9}	1.36×10^{-9}	E				3.50×10^{-9}	1.75×10^{-9}	E			
总体							1.91×10^{-9}	9.56×10^{-10}	E			
OCDF-总体	7.42×10^{-8}	3.71×10^{-8}	E				4.91×10^{-10}	2.45×10^{-10}	E			
总 CDF	7.15×10^{-5}	3.58×10^{-5}	B	8.50×10^{-6}	4.25×10^{-6}	E	4.92×10^{-6}	2.46×10^{-6}	E	1.47×10^{-6}	7.37×10^{-7}	E

[a] 参考文献 7-43。源分类代码为 5-01-005-05、5-02-005-05。空白表示无数据。

[b] 有害空气污染物在《清洁空气法》中列出。

[c] FF 表示织物过滤器。DSI 表示烟道喷射。

表 3-14 （SI 制和英制）控制空气医疗垃圾焚化炉的氯代二苯并呋喃排放因子[a]

按各因子定级（A—E）

同类物[b]	DSI/碳喷射/FF[c]			DSI/ESP[d]		
	lb/ton	kg/Mg	排放因子等级	lb/ton	kg/Mg	排放因子等级
TCDF						
2,3,7,8-	7.31×10^{-10}	3.65×10^{-10}	E	1.73×10^{-9}	8.66×10^{-10}	E
总体	1.01×10^{-8}	5.07×10^{-9}	E			
PeCDF						
1,2,3,7,8-						
2,3,4,7,8-						
总体						
HxCDF						
1,2,3,4,7,8-						
1,2,3,6,7,8-						
2,3,4,6,7,8-						
1,2,3,7,8,9-						
总体						
HpCDF						
1,2,3,4,6,7,8-						
1,2,3,4,7,8,9-						
总体						
OCDF-总体						
总 CDF	9.47×10^{-8}	4.74×10^{-8}	E			

[a] 参考文献 7-43。源分类代码为 5-01-005-05、5-02-005-05。空白表示无数据。

[b] 有害空气污染物在《清洁空气法》中列出。

[c] FF 表示织物过滤器。DSI 表示烟道喷射。

[d] ESP 表示静电除尘器。

表 3-15 控制空气的医疗垃圾焚化炉颗粒物排放的粒度分布[a]

排放因子等级：E

分割粒径/μm	未控制累积质量百分比＜规定尺寸	洗涤器累积质量百分比＜规定尺寸
0.625	31.1	0.1
1.0	35.4	0.2
2.5	43.3	2.7
5.0	52.0	28.1
10.0	65.0	71.9

[a] 参考文献 7-43。源分类代码为 5-01-005-05、5-02-005-05。

表 3-16 （SI 制和英制）回转窑型医疗垃圾焚化炉的标准污染物和酸性气体排放因子[a]

排放因子等级：E

污染物	未控制		SD/织物过滤器[b]		SD/碳喷射/FF[c]		高能耗洗涤器	
	lb/ton	kg/Mg	lb/ton	kg/Mg	lb/ton	kg/Mg	lb/ton	kg/Mg
一氧化碳	3.82×10^{-1}	1.91×10^{-1}	3.89×10^{-2}	1.94×10^{-2}	4.99×10^{-2}	2.50×10^{-2}	5.99×10^{-2}	3.00×10^{-2}
氮氧化物	4.63	2.31	5.25	2.63	4.91	2.45	4.08	2.04
二氧化硫	1.09	5.43×10^{-1}	6.47×10^{-1}	3.24×10^{-1}	3.00×10^{-1}	1.50×10^{-1}		
PM	3.45×10	1.73×10	3.09×10^{-1}	1.54×10^{-1}	7.56×10^{-2}	3.78×10^{-2}	8.53×10^{-1}	4.27×10^{-1}
TOC	6.66×10^{-2}	3.33×10^{-2}	4.11×10^{-2}	2.05×10^{-2}	5.05×10^{-2}	2.53×10^{-2}	2.17×10^{-2}	1.08×10^{-2}
HCl[d]	4.42×10	2.21×10	2.68×10^{-1}	1.34×10^{-1}	3.57×10^{-1}	1.79×10^{-1}	2.94×10	1.47×10
HF[d]	9.31×10^{-2}	4.65×10^{-2}	2.99×10^{-2}	1.50×10^{-2}				
HBr	1.05	5.25×10^{-1}	6.01×10^{-2}	3.00×10^{-2}	1.90×10^{-2}	9.48×10^{-3}		
H_2SO_4							2.98	1.49

[a] 参考文献 7-43。源分类代码为 5-01-005-05、5-02-005-05。空白表示无数据。

[b] SD 表示喷雾干燥器。

[c] FF 表示织物过滤器。

[d] 有害空气污染物在《清洁空气法》中列出。

表 3-17 （SI 制和英制）回转窑型医疗垃圾焚化炉的金属排放因子[a]

排放因子等级：E

污染物	未控制		SD/织物过滤器[b]		SD/碳喷射/FF[c]	
	lb/ton	kg/Mg	lb/ton	kg/Mg	lb/ton	kg/Mg
铝	6.13×10^{-1}	3.06×10^{-1}	4.18×10^{-3}	2.09×10^{-3}	2.62×10^{-3}	1.31×10^{-3}
锑[d]	1.99×10^{-2}	9.96×10^{-3}	2.13×10^{-4}	1.15×10^{-4}	1.41×10^{-4}	7.04×10^{-5}
砷[d]	3.32×10^{-4}	1.66×10^{-4}				
钡	8.93×10^{-2}	4.46×10^{-2}	2.71×10^{-4}	1.35×10^{-4}	1.25×10^{-4}	6.25×10^{-5}
铍[d]	4.81×10^{-5}	2.41×10^{-5}	5.81×10^{-6}	2.91×10^{-6}		
镉[d]	1.51×10^{-2}	7.53×10^{-3}	5.36×10^{-5}	2.68×10^{-5}	2.42×10^{-5}	1.21×10^{-5}
铬[d]	4.43×10^{-3}	2.21×10^{-3}	9.85×10^{-5}	4.92×10^{-5}	7.73×10^{-5}	3.86×10^{-5}
铜	1.95×10^{-1}	9.77×10^{-2}	6.23×10^{-4}	3.12×10^{-4}	4.11×10^{-4}	2.06×10^{-4}
铅[d]	1.24×10^{-1}	6.19×10^{-2}	1.89×10^{-4}	9.47×10^{-5}	7.38×10^{-5}	3.69×10^{-5}
汞[d]	8.68×10^{-2}	4.34×10^{-2}	6.65×10^{-2}	3.33×10^{-2}	7.86×10^{-3}	3.93×10^{-3}
镍[d]	3.53×10^{-3}	1.77×10^{-3}	8.69×10^{-5}	4.34×10^{-5}	3.58×10^{-5}	1.79×10^{-5}
银	1.30×10^{-4}	6.51×10^{-5}	9.23×10^{-5}	4.61×10^{-5}	8.05×10^{-5}	4.03×10^{-5}
铊	7.58×10^{-4}	3.79×10^{-4}				

[a] 参考文献 7-43。源分类代码为 5-01-005-05、5-02-005-05。空白表示无数据。

[b] SD 表示喷雾干燥器。

[c] FF 表示织物过滤器。

[d] 有害空气污染物在《清洁空气法》中列出。

表 3-18 （SI 制和英制）回转窑型医疗垃圾焚化炉的二噁英和呋喃排放因子[a]

排放因子等级：E

同类物[d]	未控制		SD/织物过滤器[b]		SD/碳喷射/FF[c]	
	lb/ton	kg/Mg	lb/ton	kg/Mg	lb/ton	kg/Mg
2,3,7,8-TCDD	6.61×10^{-10}	3.30×10^{-10}	4.52×10^{-10}	2.26×10^{-10}	6.42×10^{-11}	3.21×10^{-11}
总 TCDD	7.23×10^{-9}	3.61×10^{-9}	4.16×10^{-9}	2.08×10^{-9}	1.55×10^{-10}	7.77×10^{-11}
总 CDD	7.49×10^{-7}	3.75×10^{-7}	5.79×10^{-8}	2.90×10^{-8}	2.01×10^{-8}	1.01×10^{-8}
2,3,7,8-TCDF	1.67×10^{-8}	8.37×10^{-9}	1.68×10^{-8}	8.42×10^{-9}	4.96×10^{-10}	2.48×10^{-10}
总 TCDF	2.55×10^{-7}	1.27×10^{-7}	1.92×10^{-7}	9.58×10^{-8}	1.15×10^{-8}	5.74×10^{-9}
总 CDF	5.20×10^{-6}	2.60×10^{-6}	7.91×10^{-7}	3.96×10^{-7}	7.57×10^{-8}	3.78×10^{-8}

[a] 参考文献 7-43。源分类代码为 5-01-005-05、5-02-005-05。

[b] SD 表示喷雾干燥器。

[c] FF 表示织物过滤器。

[d] 有害空气污染物在《清洁空气法》中列出。

3.3 参考文献

1. *Locating And Estimating Air Toxic Emissions From Medical Waste Incinerators*，U.S. Environmental Protection Agency，Rochester，New York，September 1991.

2. *Hospital Waste Combustion Study: Data Gathering Phase*，EPA-450/3-88-017，U.S. Environmental Protection Agency，Research Triangle Park，North Carolina，December 1988.

3. C. R. Brunner，"*Biomedical Waste Incineration*"，presented at the 80th Annual Meeting of the Air Pollution Control Association，New York，New York，June 21-26，1987. p.10.

4. *Flue Gas Cleaning Technologies For Medical Waste Combustors*，*Final Report*，U.S. Environmental Protection Agency，Research Triangle Park，North Carolina，June 1990.

5. *Municipal Waste Combustion Study；Recycling Of Solid Waste*，U.S. Environmental Protection Agency，EPA Contract 68-02-433，pp.5-6.

6. S. Black and J. Netherton，*Disinfection*，*Sterilization*，*And Preservation. Second Edition*，1977，p. 729.

7. J. McCormack，*et al.*，*Evaluation Test On A Small Hospital Refuse Incinerator At Saint Bernardine's Hospital In San Bernardino*，*California*，California Air Resources Board，July 1989.

8. *Medical Waste Incineration Emission Test Report*，*Cape Fear Memorial Hospital*，*Wilmington*，*North Carolina*，U.S. Environmental Protection Agency，December 1991.

9. *Medical Waste Incineration Emission Test Report*，*Jordan Hospital*，*Plymouth*，*Massachusetts*，U.S. Environmental Protection Agency，February 1992.

10. J. E. McCormack，*Evaluation Test Of The Kaiser Permanente Hospital Waste Incinerator in San Diego*，California Air Resources Board，March 1990.

11. *Medical Waste Incineration Emission Test Report*，*Lenoir Memorial Hospital*，*Kinston*，*North Carolina*，U.S. Environmental Protection Agency，August 12，1991.

12. *Medical Waste Incineration Emission Test Report*，*AMI Central Carolina Hospital*，*Sanford*，*North Carolina*，U.S. Environmental Protection Agency，December 1991.

13. A. Jenkins，*Evaluation Test On A Hospital Refuse Incinerator At Cedars Sinai Medical Center*，*Los Angeles*，*California*，California Air Resources Board，April 1987.

14. A. Jenkins，*Evaluation Test On A Hospital Refuse Incinerator At Saint Agnes Medical Center，Fresno，California*，California Air Resources Board，April 1987.

15. A. Jenkins，*et al.*，*Evaluation Retest On A Hospital Refuse Incinerator At Sutter General Hospital，Sacramento，California*，California Air Resources Board，April 1988.

16. *Test Report For Swedish American Hospital Consumat Incinerator*，Beling Consultants，Rockford，Illinois，December 1986.

17. J. E. McCormack，*ARB Evaluation Test Conducted On A Hospital Waste Incinerator At Los Angeles County--USC Medical Center，Los Angeles，California*，California Air Resources Board，January 1990.

18. M. J. Bumbaco，*Report On A Stack Sampling Program To Measure The Emissions Of Selected Trace Organic Compounds，Particulates，Heavy Metals，And HCl From The Royal Jubilee Hospital Incinerator，Victoria，British Columbia*，Environmental Protection Programs Directorate，April 1983.

19. *Medical Waste Incineration Emission Test Report，Borgess Medical Center，Kalamazoo，Michigan*，EMB Report 91-MWI-9，U.S. Environmental Protection Agency，Office of Air Quality Planning and Standards，December 1991.

20. *Medical Waste Incineration Emission Test Report，Morristown Memorial Hospital，Morristown，New Jersey*，EMB Report 91-MWI-8，U.S. Environmental Protection Agency，Office of Air Quality Planning and Standards，December 1991.

21. *Report Of Emission Tests，Burlington County Memorial Hospital，Mount Holly，New Jersey*，New Jersey State Department of Environmental Protection，November 28，1989.

22. *Results Of The November 4 And 11，1988 Particulate And Chloride Emission Compliance Test On The Morse Boulger Incinerator At The Mayo Foundation Institute Hills Research Facility Located In Rochester，Minnesota*，HDR Techserv，Inc.，November 39，1988.

23. *Source Emission Tests At ERA Tech，North Jackson，Ohio*，Custom Stack Analysis Engineering Report，CSA Company，December 28，1988.

24. Memo to Data File，Hershey Medical Center，Derry Township，Pennsylvania，from Thomas P. Bianca，Environmental Resources，Commonwealth of Pennsylvania，May 9，1990.

25. *Stack Emission Testing，Erlanger Medical Center，Chattanooga，Tennessee*，Report I-6299-2，Campbell & Associates，May 6，1988.

26. *Emission Compliance Test Program，Nazareth Hospital，Philadelphia，Pennsylvania*，Ralph Manco，Nazareth Hospital，September 1989.

27. *Report Of Emission Tests，Hamilton Hospital，Hamilton，New Jersey*，New Jersey State Department of Environmental Protection，December 19，1989.

28. *Report of Emission Tests，Raritan Bay Health Services Corporation，Perth Amboy，New Jersey*，New Jersey State Department of Environmental Protection，December 13，1989.

29. K. A. Hansen，*Source Emission Evaluation On A Rotary Atomizing Scrubber At Klamath Falls，Oregon*，AM Test，Inc.，July 19，1989.

30. A. A. Wilder，*Final Report For Air Emission Measurements From A Hospital Waste Incinerator*，Safeway Disposal Systems，Inc.，Middletown，Connecticut.

31. *Stack Emission Testing，Erlanger Medical Center，Chattanooga，Tennessee*，Report I-6299，Campbell & Associates，April 13，1988.

32. *Compliance Emission Testing For Memorial Hospital，Chattanooga，Tennessee*，Air Systems Testing，Inc.，July 29，1988.

33. *Source Emission Tests At ERA Tech，Northwood，Ohio*，Custom Stack Analysis Engineering Report，CSA Company，July 27，1989.

34. *Compliance Testing For Southland Exchange Joint Venture，Hampton，South Carolina*，ETS，Inc.，July 1989.

35. *Source Test Report，MEGA Of Kentucky*，Louisville，Kentucky，August，1988.

36. *Report On Particulate And HCl Emission Tests On Therm-Tec Incinerator Stack，Elyra，Ohio*，Maurice L. Kelsey & Associates，Inc.，January 24，1989.

37. *Compliance Emission Testing For Particulate And Hydrogen Chloride At Bio-Medical Service Corporation，Lake City，Georgia*，Air Techniques Inc.，May 8，1989.

38. *Particulate And Chloride Emission Compliance Test On The Environmental Control Incinerator At The Mayo Foundation Institute Hills Research Facility，Rochester，Minnesota*，HDR Techserv，Inc.，November 30，1988.

39. *Report On Particulate And HCl Emission Tests On Therm-Tec Incinerator Stack，Cincinnati，Ohio*，Maurice L. Kelsey & Associates，Inc.，May 22，1989.

40. *Report On Compliance Testing，Hamot Medical Center，Erie，Pennsylvania*，Hamot Medical

Center，July 19，1990.

41. *Compliance Emission Testing For HCA North Park Hospital*，*Hixson*，*Tennessee*，Air Systems Testing，Inc.，February 16，1988.

42. *Compliance Particulate Emission Testing On The Pathological Waste Incinerator*，*Humana Hospital-East Ridge*，*Chattanooga*，*Tennessee*，Air Techniques，Inc.，November 12，1987.

43. *Report Of Emission Tests*，*Helene Fuld Medical Center*，*Trenton*，*New Jersey*，New Jersey State Department of Environmental Protection，December 1，1989.

4 城市生活垃圾填埋处置

4.1 概述[1-4]

用于处理家庭垃圾的城市生活垃圾填埋设施的选址多为隔离或新凿的土地区域，而非已用耕地、地面蓄水池、注入井或废物堆等区域。

MSW 填埋设施也可以接收其他类型的垃圾，如商业固体垃圾、无毒害污泥和工业固体垃圾。MSW 填埋可以处理的城市生活垃圾类型包括（大多数填埋只接受以下几类）：

- MSW
- 家庭有害垃圾
- 城市污泥
- 城市生活垃圾焚烧灰渣
- 传染性垃圾
- 废旧轮胎
- 工业无毒害垃圾
- 小量生产者有条件豁免（Conditionally Exempt Small Quantity Generator，CESQG）有害垃圾
- 拆建垃圾
- 农业垃圾
- 油气垃圾
- 矿业垃圾

在美国，固体垃圾的处置方法大约 57%为填埋、16%为焚化、27%为回收或堆肥。据估计，1995 年美国有 2 500 座正在使用的 MSW 填埋场，这些填埋场每年可接收 189 Mg（208 万 ton）的垃圾，其中 55%～60%为家庭垃圾，35%～45%为商业垃圾。

4.2 工艺过程说明[2, 5]

城市生活垃圾填埋场有 3 种设计结构：区域、沟槽和斜坡。这 3 种方法都分为 3 个步骤：铺展垃圾、压缩垃圾、用泥土覆盖垃圾。沟槽法和斜坡法并不常用，依法使用衬垫和渗滤液收集系统时也并非优选方法。区域法是将垃圾置于地面或填埋场衬垫上，然后分层铺展垃圾并用重型设备压缩垃圾，最后每天覆盖的泥土铺展在压缩的垃圾上方。沟槽法是用挖掘的沟槽承载每天的垃圾。挖掘出来的泥土通常用作覆盖物和防风物。斜坡法通常用在坡地，垃圾的铺展压缩与区域法类似，但覆盖物通常是在填埋操作工作面之前获得。

新式填埋设计通常包含泥土构建的衬垫（如再夯实的黏土）、合成纤维（如高密度聚乙烯）或两者兼而有之，为渗滤液提供防渗屏障（如流过填埋物的水），并提供填埋场的气体流动。

4.3 控制技术[1, 2, 6]

1991 年 10 月 9 日颁布的《资源保护和回收法》(*The Resource Conservation and Recovery Act*，RCRA）D 章要求，MSW 填埋场生成的甲烷浓度不得超过现场结构爆炸下限（Lower Explosive Limit，LEL）的 25%或设施产权边界处的 LEL。

针对某些新型现有填埋场 MSW 填埋空气排放物的新污染源行为标准和排放指南于 1996 年 3 月 1 日在《联邦公报》发布。规章要求最佳论证技术(Best Demonstrated Technology，BDT）用来减少 MSW 填埋排放物，排放物来自非甲烷有机化合物排放大于或等于 50 Mg/a（55 ton/a）的新型现有 MSW 填埋场。受 NSPS 或排放指南影响的 MSW 填埋场是每个新型 MSW 填埋场和每个自 1987 年 11 月 8 日起接受垃圾或具备垃圾处理能力供日后使用的现有 MSW 填埋场。受 NSPS 或排放指南影响的是处理能力为2.5万Mg（2.75万ton）或更多的填埋场。控制系统需要：（1）设计和操作良好的气体收集系统；（2）可将收集的气体中NMOC减少98%（按重量计）的控制设备。

填埋气（Landfill Gas，LFG）收集系统分主动和被动系统。主动收集系统提供压力梯度，以便用机械鼓风机或压缩机提取LFG。被动系统提供自然压力梯度（由填埋场中生成的LFG产生的压力增加引发），调动气体进行收集。

LFG控制和处理选项包括：（1）LFG的燃烧；（2）LFG的提纯。燃烧技术包括不回收能源（如火炬和热解焚化炉）的技术以及回收能源（如燃气涡轮机和内燃机）和用LFG燃烧发电的技术。也可以使用锅炉从蒸汽形态的LFG回收能量。火炬是需要氧气的开放式燃烧过程，可以敞开也可以封闭。热解焚化炉在氧气充足的环境下加热有机化学品，使其温度足以将化学品氧化为二氧化碳和水。提纯技术也可以用于处理原始垃圾填埋气，通过吸附、吸收和隔膜运输优质天然气。

4.4 排放物[2,7]

CH_4和CO_2是填埋气的主要组分，是厌氧条件下微生物在填埋场中生成的。CH_4和CO_2的转换是由厌氧环境中适应物质循环的微生物群进行调解的。填埋气的生成（包括比率和成分）分为四个阶段。第一阶段为有氧阶段（即有O_2参与），最初生成的气体为CO_2。第二阶段的特征是厌氧环境下消耗O_2，生成大量CO_2和一些H_2。第三阶段开始生成CH_4并伴随着CO_2生成量减少。第一阶段最初填埋气中N_2含量很高，填埋到第二和第三阶段时氮气含量锐减。第四阶段，CH_4、CO_2和N_2生成量趋于稳定。填埋条件（如垃圾成分、设计管理和厌氧状态）不同，气体生成的总耗时和持续时间也有所不同。

通常，LFG还包含少量非甲烷有机化合物（Non-methane Organic Compound，NMOC）。这部分NMOC包含各种有机有害空气污染物（Hazardous Air Pollutants，HAP）、温室气体（Greenhouse Gas，GHG）以及与平流层臭氧损耗相关的化合物。NMOC还包括挥发性有机物（Volatile Organic Compound，VOC）。VOC的质量分数可以通过减去无光化学活性的单个化合物（即CFR第40章51.100节中定义的反应可忽略不计的有机化合物）的质量分数确定。

与 MSW 填埋相关的其他排放物包括来自 LFG 控制和使用设备（即火炬、发动机、涡轮机和锅炉）的燃烧产物，其中包括一氧化碳、氮氧化物、二氧化硫、氯化氢、颗粒物和其他燃烧产物（包括 HAP）。移动源（如垃圾车）沿铺设或未铺设的表面行进时也会生成扬尘形式的 PM 排放物。有关铺设和未铺设道路扬尘排放物估算的信息，请参见 AP-42 卷 I 的 13.2.1 和 13.2.2 节。

填埋的排放率受限于气体生成和传输机制。生成机制是通过蒸发、生物分解或化学反应生成气相排放物组分。传输机制是通过填埋场上方的空气分界层将气相挥发性组分传输至填埋场表面并排放到大气中。气相挥发性组分的 3 种主要传输机制是扩散、对流和置换。

4.4.1 未控制排放量

要估算填埋气这种组分的未控制排放量，就必须先估算填埋气总排放量。对于各个填埋场，未控制 CH_4 排放可以用 EPA 开发的甲烷生成理论的一级动力学模型进行估算[8]。此模型也称为垃圾填埋气排放量估算模型，可在库存和排放因子清理库（Clearinghouse for Inventories and Emission Factors，CHIEF）技术区（URL 为 http：//www.epa.gov/ttn/chief）的空气质量规划和标准技术转移网络办公室网站（Office of Air Quality Planning and Standards Technology Transfer Network Website，OAQPS TTN Web）查阅相关信息。垃圾填埋气排放量估算模型的计算公式如下：

$$Q_{CH_4} = L_o R\left(e^{-kc} - e^{-kt}\right) \tag{4-1}$$

式中：Q_{CH_4} —— 时间 t 的甲烷生成率，m^3/a；

L_o —— 潜在甲烷生成量，m^3 CH_4/Mg 垃圾；

R —— 有效寿命期间的年平均垃圾容纳率，Mg/a；

e —— 基础记录，无单位；

k —— 甲烷生成率系数，a^{-1}；

c —— 自填埋场关闭后的时间，a（$c=0$ 表示正在使用的填埋场）；

t —— 自初始垃圾安置后的时间，a。

应当注意，上述模型估算的是 LFG 生成量，而不是排放到大气中的 LFG。填埋场中生成的气体还存在其他去向，如在填埋场表面层中捕获然后微生物降解。

目前并没有数据能够充分证明这一去向，通常认为，生成的大部分气体会通过填埋场表面的裂缝或其他开口排出。

具体地点的填埋场信息通常适用于变量 *R*、*c* 和 *t*。如果缺少垃圾接纳率信息，可以用就位的垃圾除以填埋场的年限确定 *R*。如果设施机构的文件表明某段（单元）填埋场只接收不可降解的垃圾，那么此段填埋场可以排除在 *R* 的计算范围之外。不可降解的垃圾包括混凝土、砖块、石头、玻璃、石膏、墙板、管道、塑料和金属物品。实际平均接纳率信息不足时，应当仅通过此方法估算年平均接纳率。时间变量 *t* 是指垃圾已到位的总年限（如果适用，还包括已接纳垃圾和已关闭的填埋场的年限）。

必须对变量 L_o 和 *k* 的值进行估算。垃圾潜在 CH_4 生成量（L_o）的估算值通常是垃圾水分和有机物含量的函数。CH_4 生成率系数（*k*）的估算值是各种因子的函数，如水分、pH 值、温度和其他环境因子以及填埋场操作条件。特定的 CH_4 生成率系数可以用 EPA Method 2E（CFR 第 40 章第 60 篇附录 A）计算。

对于 L_o 和 *k*，垃圾填埋气排放量估算模型既包括监管默认值，也包括推荐的 AP-42 默认值。监管默认值是为了符合 NSPS/排放指南而开发的。因此，模型中包含保守的 L_o 和 *k* 默认值是为了保护人类健康、涵盖更大范围的填埋场和鼓励使用定点数据。估算特定垃圾填埋场的排放量和排放清单中使用的排放量，所用的 L_o 和 *k* 值不同。

对于年降雨量大于或等于 25 英寸的地区，建议的 AP-42 默认 *k* 值为 0.04 a^{-1}；对于较为干旱的地区（<25 英寸/a），默认 *k* 值为 0.02 a^{-1}。大多数填埋场的 L_o 值为 100 m^3/Mg（3 530 ft^3/ton）垃圾。尽管建议的 *k* 和 L_o 默认值是根据最适合 21 座不同垃圾填埋场估算的，预测的 CH_4 排放值为实际排放的 38%～492%，相对标准偏差为 0.85。应当强调的是，为了符合 NSPS/排放指南的要求，必须使用最终规则中指定的 *k* 和 L_o 监管默认值。

气体生成量达到稳定状态条件时，LFG 中包含体积百分比大约 40%的 CO_2、55%的 CH_4、5%的 N_2（和其他气体）以及微量 NMOC（非甲烷有机化合物）。使用垃圾填埋气排放量估算模型推导的 CH_4 生成量也可以用来表示 CO_2 生成量。CH_4 和 CO_2 排放量的估算方法也可用于估算填埋气体总排放量。如果定点信息提供的建议中填埋气的 CH_4 含量不是 55%，那么不应使用定点信息，CO_2 排放量的估算也应当相应调整。

大多数 NMOC 排放物是填埋场垃圾中包含的有机化合物挥发形成，一小部分是填埋场内生物过程和化学反应形成。当前版本的垃圾填埋气排放量估算模型包含总 NMOC 的建议监管默认值 $4\,000\times10^{-6}$（体积分数，以己烷计）。但可用数据表明，填埋场总 NMOC 的值超过 $4\,400\times10^{-6}$（体积分数）。NMOC 浓度的建议监管默认值是为了进行监管，并提供全国范围内最具成本效益的默认值。对于排放清单，确定总 NMOC 浓度时应当把定点信息考虑在内。如果缺少定点信息，对于共同处置 MSW 和非住宅垃圾的垃圾场，建议使用 $2\,420\times10^{-6}$（体积分数）作为己烷的值。如果垃圾场只包含 MSW 或包含极少量的有机商业/工业垃圾，则应当使用 595×10^{-6}（体积分数）作为己烷的总 NMOC 值。此外，与填埋场模型默认值一样，为了符合 NSPS/排放指南的要求，必须使用 NMOC 含量的监管默认值。

如果定点总污染物浓度可用（EPA Reference Method 25C 测定），必须对由以下两种不同机制导致的空气渗透进行校正：LFG 样品稀释和空气侵入填埋场。校正需要 LFG CH_4、CO_2、N_2 和 O_2 含量的定点数据。如果 N_2 与 O_2 的比率小于或等于 4.0（与环境空气中比率一样），需要调整样本稀释的总污染物浓度时可假定 CO_2 和 CH_4 是垃圾填埋气的最初组分（100%），并使用以下公式：

$$C_P(\text{对空气渗透进行校正}) = \frac{C_P(1\times10^6)}{C_{CO_2} + C_{CH_4}} \tag{4-2}$$

式中：C_P—— 填埋气中污染物 P［即 NMOC（以己烷计）］的浓度，10^{-6}（体积分数）；

C_{CO_2}—— 填埋气中 CO_2 的浓度，10^{-6}（体积分数）；

C_{CH_4}—— 填埋气中 CH_4 的浓度，10^{-6}（体积分数）；

1×10^6—— 用来校正 P 浓度［单位为 10^{-6}（体积分数）］的系数。

如果 N_2 浓度（即 C_{N_2}）与 O_2 浓度（即 C_{O_2}）比率大于 4.0，则应当调整空气侵入填埋场的总污染物浓度，调整方法是使用式（4-2）以及在分母中添加 N_2 浓度。C_{CO_2}、C_{CH_4}、C_{N_2}、C_{O_2} 的值通常可以在特定填埋场源测试报告及总污染物浓度数据中找到。

要估算 NMOC 或其他填埋气组分的排放量，应当使用以下公式：

$$Q_P = 1.82Q_{CH_4} \times \frac{C_P}{1\times10^6} \tag{4-3}$$

式中：Q_P—— 污染物 P（即 NMOC）的排放率，m^3/a；

Q_{CH_4}—— CH_4生成率，m^3/a（源自垃圾填埋气排放量估算模型）；

C_P—— 填埋气中 P 的浓度；

1.82 —— 乘数因子（假定大约 55%的填埋气为 CH_4，45%为 CO_2、N_2和其他组分）。

总 NMOC（以己烷计）、CO_2、CH_4以及衍生有机化合物和无机化合物每年未控制质量排放物的估算可以使用以下公式：

$$\mathrm{UM}_P = Q_P \times \left[\frac{\mathrm{MW}_P \times 1\ \mathrm{atm}}{(8.205\times10^{-5}\ \mathrm{m^3 \cdot atm/mol \cdot K})(1\,000\ \mathrm{g/kg})(273+T\ \mathrm{K})} \right] \tag{4-4}$$

式中：UM_P—— 污染物 P（即 NMOC）的未控制质量排放物，kg/a；

MW_P—— P 的分子量，g/mol［即 NMOC（以己烷计），分子量为 86.18］；

Q_P—— P 的 NMOC 排放率，m^3/a；

T—— 填埋气的温度，℃。

此公式假定系统的操作压力为大约 1 个大气压。如果填埋气的温度未知，推荐温度为 25℃（77℉）。

表 4-1 列出了衍生有机化合物及一些无机化合物的未控制默认浓度。这些默认浓度已对空气渗透进行了校正，可以用作式（4-3）的输入参数，也可以用作估算填埋场衍生物排放量的垃圾填埋气排放量估算模型（定点数据不可用时）。对各个填埋场（从中推导浓度数据）共同处置非住宅垃圾的历史数据的分析表明，苯、NMOC 和甲苯在未控制浓度方面存在差异。表 4-2 基于场地共同处置历史列出了所用苯、NMOC 和甲苯的校正浓度。

需要注意的是，表 4-1 和表 4-2 中列出的化合物并非 LFG 中可能出现的唯一化合物。列出的化合物是通过对现有文献的回顾确定的，可能还存在其他化合物，如与消费者或工业产品相关的化合物。鉴于这种可能性，使用表 4-2 底部的默认 VOC 质量分数和浓度时要格外注意。LFG 的乙烷含量对这些默认 VOC 值影响很大。可用数据表明，填埋场中 LFG 乙烷含量大多都超过 $1\,500\times10^{-6}$（体积分数）。

表 4-1 LFG 组分的默认浓度[a]

（SCC 50100402、50300603）

化合物	分子量	默认浓度/10^{-6}（体积分数）	排放因子等级
1,1,1-三氯乙烷（三氯乙烯）[a]	133.41	0.48	B
1,1,2,2-四氯乙烷[a]	167.85	1.11	C
1,1-二氯乙烷（亚乙基二氯）[a]	98.97	2.35	B
1,1-二氯乙烯（乙烯叉二氯）[a]	96.94	0.20	B
1,2-二氯乙烷（二氯乙烷）[a]	98.96	0.41	B
1,2-二氯丙烷（二氯丙烷）[a]	112.99	0.18	D
2-丙醇（异丙醇）	60.11	50.1	E
丙酮	58.08	7.01	B
丙烯腈[a]	53.06	6.33	D
溴二氯甲烷	163.83	3.13	C
丁烷	58.12	5.03	C
二硫化碳[a]	76.13	0.58	C
一氧化碳[b]	28.01	141	E
四氯化碳[a]	153.84	0.004	B
硫化羰[a]	60.07	0.49	D
氯苯[a]	112.56	0.25	C
氯二氟甲烷	86.47	1.30	C
氯乙烷（乙基氯）[a]	64.52	1.25	B
氯仿[a]	119.39	0.03	B
氯甲烷	50.49	1.21	B
二氯苯[c]	147	0.21	E
二氯二氟甲烷	120.91	15.7	A
二氯氟甲烷	102.92	2.62	D
二氯甲烷（甲叉二氯）[a]	84.94	14.3	A
二甲基硫醚（甲硫醚）	62.13	7.82	C
乙烷	30.07	889	C
乙醇	46.08	27.2	E
硫代乙醇（乙硫醇）	62.13	2.28	D
乙苯[a]	106.16	4.61	B
二溴乙烷	187.88	0.001	E
氟三氯甲烷	137.38	0.76	B
己烷[a]	86.18	6.57	B
氢化硫	34.08	35.5	B

化合物	分子量	默认浓度/10^{-6}（体积分数）	排放因子等级
汞（全部）[a,d]	200.61	2.92×10^{-4}	E
甲基乙基酮[a]	72.11	7.09	A
甲基异丁酮[a]	100.16	1.87	B
甲硫醇	48.11	2.49	C
戊烷	72.15	3.29	C
全氯乙烯（四氯乙烯）[a]	165.83	3.73	B
丙烷	44.09	11.1	B
t-1,2-二氯乙烯	96.94	2.84	B
三氯乙烯[a]	131.4	2.82	B
氯乙烯[a]	62.50	7.34	B
二甲苯[a]	106.16	12.1	B

注：此处并未全部列出潜在的 LFG 组分，只列出了测试数据在多个场地可用的组分。参考文献 10-67。SCC 为源分类代码。

[a]有害空气污染物在 1990 年实施的《清洁空气法》第III编中列出。

[b]一氧化碳不是典型的 LFG 组分，但在填埋场垃圾（在地下）燃烧时确实存在，因此使用此默认值应当格外小心。在测量 CO 的 18 个场地中，只有 2 个场地显示了 CO 检测水平。

[c]源测试不会表明此化合物是对位还是邻位异构体。对位异构体是第III编列出的 HAP。

[d]将总 Hg 纳入元素和有机形态时无可用数据。

表 4-2　基于垃圾处置历史的苯、NMOC 和甲苯的默认浓度[a]

（SCC 50100402、50300603）

污染物	分子量	默认浓度/10^{-6}（体积分数）	排放因子等级
苯[b]	78.11		
共同处置		11.1	D
无共同处置或共同处置未知		1.91	B
NMOC（以己烷计）[c]	86.18		
共同处置		2 420	D
无共同处置或共同处置未知		595	B
甲苯[b]	92.13		
共同处置		165	D
无共同处置或共同处置未知		39.3	A

[a]参考文献 10-54。SCC 为源分类代码。

[b]有害空气污染物在 1990 年实施的《清洁空气法》第III编中列出。

[c]为了符合 NSPS/排放指南的要求，必须使用最终规则中制定的默认 NMOC 浓度。对于不符合 NSPS/排放指南的要求，共同处置场地的默认 VOC 含量的质量百分比为 85%［$2\ 060\times10^{-6}$（体积分数，以己烷计）］，无共同处置或共同处置未知场地的质量百分比为 39%［235×10^{-6}（体积分数，以己烷计）］。

4.4.2 控制排放量

填埋场排放物的控制方法通常包括安装气体收集装置和使用内燃机、火炬或涡轮机燃烧收集的气体。气体收集装置在收集填埋气时不是100%有效，因此，填埋场排放的 CH_4 和 NMOC 仍需要气体回收装置。要估算填埋气中 CH_4、NMOC 和其他组分的控制排放量，必须先估算系统的收集效率。

已知的收集效率通常在 60%～85%，假定平均效率为 75%。在某些场地可以获得更高的收集效率，如为控制气体排放设计的场地。如果定点收集效率可用（即通过综合表面采样程序），则应当使用此效率，而不使用平均效率 75%。

控制排放量的估算还需要将控制设备的控制效率考虑在内。基于 CH_4、NMOC 和其他衍生有机物在装有不同控制设备燃烧时的测试数据，表 4-3 列出了控制效率。估算总控制排放量时，需要在未控制排放量中加入控制设备的排放量。

表 4-3 LFG 组分的控制效率[a]

控制设备	组分[b]	控制效率/%		
		常规	范围	等级
锅炉/汽轮机（SCC 50100423）	NMOC	98.0	96～99+	D
	卤代物	99.6	87～99+	D
	非卤代物	99.8	67～99+	D
火炬[c]（SCC 50100410）（SCC 50300601）	NMOC	99.2	90～99+	B
	卤代物	98.0	91～99+	C
	非卤代物	99.7	38～99+	C
燃气涡轮机（SCC 50100420）	NMOC	94.4	90～99+	E
	卤代物	99.7	98～99+	E
	非卤代物	98.2	97～99+	E
内燃机（SCC 50100421）	NMOC	97.2	94～99+	E
	卤代物	93.0	90～99+	E
	非卤代物	86.1	25～99+	E

[a] 参考文献 10-67。SCC 为源分类代码。

[b] 卤代物是包含氯原子、溴原子、氟原子或碘原子的物质。对于任何设备，汞的控制效率都应假定为 0。估算 SO_2、CO_2 和 HCl 排放量的方法参见 4.4.2 节。

[c] 对于参考文献中给出的设备相关信息，是取自封闭式火炬的测试数据。假定控制效率取自开放式火炬。

控制的 CH_4、NMOC 和衍生物排放量可以用式（4-5）计算。假定填埋气收集控制系统 100%的时间都在运行。与日常维护和保养关联的系统停机时间最小持续期（5%～7%）对排放量估算没有太大影响。式（4-5）中的第一项代表未收集的填埋气的排放物，第二项代表控制或利用设备中收集但未燃烧的污染物排放量：

$$CM_P = \left[UM_P \times \left(1 - \frac{\eta_{col}}{100} \right) \right] + \left[UMP \times \frac{\eta_{col}}{100} \times \left(1 - \frac{\eta_{cnt}}{100} \right) \right] \tag{4-5}$$

式中：CM_P —— 污染物 P 的控制质量排放物，kg/a；

UM_P —— P 的未控制质量排放物，kg/a［源自式（4-4）或垃圾填埋气排放量估算模型］；

η_{col} —— 填埋气收集系统的收集效率，%；

η_{cnt} —— 填埋气控制或利用设备的控制效率，%。

表 4-4 和表 4-5 列出了控制设备排出的二次化合物 CO 和 NO_x 的排放因子，当设备供应商无法提供保证值时，应当使用这些排放因子。

表 4-4 （SI 制）控制设备排出的二次化合物的排放因子 [a]

控制设备	污染物 [b]	kg/10^6 dscm 甲烷	排放因子等级
火炬 [c] （SCC 50100410） （SCC 50300601）	二氧化氮	650	C
	一氧化碳	12 000	C
	颗粒物	270	D
内燃机 （SCC 50100421）	二氧化氮	4 000	D
	一氧化碳	7 500	C
	颗粒物	770	E
锅炉/汽轮机 [d] （SCC 50100423）	二氧化氮	530	D
	一氧化碳	90	E
	颗粒物	130	D
燃气涡轮机 （SCC 50100420）	二氧化氮	1 400	D
	一氧化碳	3 600	E
	颗粒物	350	E

[a] SCC 为源分类代码。

[b] PM 粒度分布无可用数据，但对于其他燃气式燃烧源，大多数颗粒物的直径都小于 2.5 μm。因此，此排放因子可用于估算 PM_{10} 或 $PM_{2.5}$ 的排放量。估算 CO_2、SO_2 和 HCl 排放量的方法参见 4.4.2 节。

[c] 对于参考文献中给出的设备相关信息，是取自封闭式火炬的测试数据。假定控制效率取自开放式火炬。

[d] 所有源测试都是在锅炉上进行，但排放因子还应当代表汽轮机。排放因子代表装有低 NO_x 燃烧器和烟气再循环装置的锅炉。未控制 NO_x 排放量无可用数据。

表 4-5 （英制）控制设备排放的二次化合物的排放率[a]

控制设备	污染物[b]	kg/10^6 dscm 甲烷	排放因子等级
火炬[c]（SCC 50100410）（SCC 50300601）	二氧化氮	40	C
	一氧化碳	750	C
	颗粒物	17	D
内燃机（SCC 50100421）	二氧化氮	250	D
	一氧化碳	470	C
	颗粒物	48	E
锅炉/汽轮机[d]（SCC 50100423）	二氧化氮	33	E
	一氧化碳	5.7	E
	颗粒物	8.2	E
燃气涡轮机（SCC 50100420）	二氧化氮	87	D
	一氧化碳	230	D
	颗粒物	22	E

[a] SCC 为源分类代码。

[b] 基于其他燃烧源的数据，大多数颗粒物的直径都小于 2.5 μm。因此，此排放率可用于估算 PM_{10} 或 $PM_{2.5}$ 的排放量。估算 CO_2、SO_2 和 HCl 排放量的方法参见 4.4.2 节。

[c] 对于参考文献中给出的设备相关信息，是取自封闭式火炬的测试数据。假定控制效率取自开放式火炬。

[d] 所有源测试都是在锅炉上进行，但排放因子还应当代表汽轮机。排放因子代表装有低 NO_x 燃烧器和烟气再循环装置的锅炉。未控制 NO_x 排放量无可用数据。

CO_2 和 SO_2 控制排放量的估算最好使用定点填埋气组分浓度和质量平衡的方法[68]。如果定点数据不可用，质量平衡方法可以使用表 4-1 至表 4-3 中的数据。

控制的 CO_2 排放量包括填埋气 CO_2 组分的排放量（相当于未控制排放量）和填埋气燃烧过程中形成的额外 CO_2 的排放量。填埋气燃烧形成的 CO_2 大部分来自 CH_4 的燃烧，一小部分是 NMOC 燃烧形成，通常这一小部分的量少于 CO_2 总排放量的 1%（按质量计）。而且，填埋气不完全燃烧形成 CO 也会阻止少量 CO_2 的形成。这一部分的生成量对整体质量平衡影响很小，对整体 CO_2 排放量影响也并不明显[68]。

下列公式（假定 CH_4 燃烧效率为 100%）可用于估算控制填埋场的 CO_2 排放量：

$$CM_{CO_2} = UM_{CO_2} + UM_{CH_4} \times \frac{\eta_{col}}{100} \times 2.75 \tag{4-6}$$

式中：CM_{CO_2} —— CO_2的控制质量排放物，kg/a；

UM_{CO_2} —— CO_2的未控制质量排放物，kg/a［源自式（4-4）或垃圾填埋气排放量估算模型］；

UM_{CH_4} —— CH_4的未控制质量排放物，kg/a［源自式（4-4）或垃圾填埋气排放量估算模型］；

η_{col} —— 填埋气收集系统的效率，%；

2.75 —— CO_2分子量与CH_4分子量的比率。

要估算SO_2排放量，就需要填埋气中还原态含硫化合物浓度的相关数据。进行估算的最佳方法是使用填埋气还原态含硫量的定点信息。通常这些数据表示为硫（S），单位为10^{-6}（体积分数）。应当先使用式（4-3）和式（4-4）确定还原态含硫化合物作为硫的未控制质量排放率。然后，使用下列公式估算SO_2排放量：

$$CM_{SO_2} = UM_S \times \frac{\eta_{col}}{100} \times 2.0 \tag{4-7}$$

式中：CM_{SO_2} —— SO_2的控制质量排放物，kg/a；

UM_S —— 还原态含硫化合物作为硫的未控制质量排放量，kg/a［源自式（4-3）和式（4-4）］；

η_{col} —— 填埋气收集系统的效率，%；

2.0 —— SO_2分子量与S分子量的比率。

估算SO_2浓度的第二种方法（如果总还原态含硫化合物作为硫的定点数据不可用）是使用衍生还原态含硫化合物浓度的定点数据。这些数据可以用式（4-8）转换得出作为S的值。从式（4-8）获得总还原态含硫化合物作为硫的数据后，可以使用式（4-3）、式（4-4）和式（4-7）推导SO_2排放量。

$$C_S = \sum_{i=1}^{n} C_P \times S_P \tag{4-8}$$

式中：C_S —— 总还原态含硫化合物的浓度，10^{-6}（体积分数），［作为S在式（4-3）中使用］；

C_P —— 每种还原态含硫化合物的浓度，10^{-6}（体积分数）；

S_P —— 每种还原态含硫化合物燃烧生成的S的摩尔数（1表示硫化物，2表示二硫化物）；

n —— 可用于求和的还原态含硫化合物的数量。

如果没有定点数据可用，可以假定 C_S 的值为 46.9×10^{-6}［体积分数，在式（4-3）中使用］。

这个值可以通过表 4-1 还原态含硫化合物中列出的默认浓度和式（4-8）求得。

盐酸（HCl）是 LFG 中的氯化合物在控制设备中燃烧时形成的。估算排放量的最佳方法是质量平衡法，与上述估算 SO_2 排放量的方法类似。因此，估算 HCl 排放量的最佳数据源是与总氯量相关的定点 LFG 数据［表示为氯离子（Cl^-），单位为 10^{-6}（体积分数）］。如果这些数据不可用，可以使用式（4-9），根据各个氯化物家族的数据估算总氯量。但由于不是每个 LFG 中的含氯化合物都在实验报告中列出（如只列出了分析方法指定的），因此排放量的估算值可能会不足。

$$C_{Cl}=\sum_{i=1}^{n}C_P\times Cl_P \tag{4-9}$$

式中：C_{Cl} —— 总氯量的浓度，10^{-6}（体积分数），［作为 Cl^- 在式（4-3）中使用］；

C_P —— 每种含氯化合物的浓度，10^{-6}（体积分数）；

Cl_P —— 每种含氯化合物燃烧生成的 Cl^- 的摩尔数（3 表示 1,1,1-三氯乙烷）；

n —— 可用于求和的含氯化合物的数量。

对总氯量浓度（C_{Cl}）进行估算后，应当使用式（4-3）和式（4-4）确定含氯化合物作为氯离子的未控制质量总排放率（UM_{Cl}），然后使用这个值在式（4-10）中推导 HCl 排放量估算值：

$$CM_{HCl}=UM_{Cl}\times\frac{\eta_{col}}{100}\times1.03\times\left(\frac{\eta_{cnt}}{100}\right) \tag{4-10}$$

式中：CM_{HCl} —— HCl 的控制质量排放物，kg/a；

UM_{Cl} —— 含氯化合物作为氯化物的未控制质量排放量，kg/a［源自式（4-3）和式（4-4）］；

η_{col} —— 填埋气收集系统的效率，%；

1.3 —— HCl 分子量与 Cl^- 分子量的比率；

η_{cnt} —— 填埋气控制或利用设备的控制效率，%。

在 HCl 排放量的估算中，假定含氯 LFG 组分燃烧产生的全部氯离子都转换为 HCl。如果控制效率的估算值 η_{cnt} 不可用，则应当使用本节表格中列出的设备控制效率范围的最大值。建议使用这个假设来假定 HCl 排放量没有估算不足。

如果总氯量或衍生含氯化合物的相关定点数据不可用，则使用 C_{Cl} 的默认值 42.0×10^{-6}（体积分数）。这个值是从表 4-1 中列出的默认 LFG 组分浓度推导出来的。如上所述，由于推导的依据只有执行分析的化合物，因此使用这个默认值可能会对 HCl 排放量估算不足。表 4-1 中列出的组分可能不是 LFG 中出现的所有含氯化合物。

有关 MSW 填埋场排放源排放的扬尘和废气的测定信息，请参见 AP-42 第Ⅰ卷 11.2-1 节（未铺设公路，SCC 50100401）和 11-2.4 节（重型施工作业）以及第Ⅱ卷Ⅱ-7 节（施工设备）。

4.5 参考文献

1. “Criteria for Municipal Solid Waste Landfills”，40 CFR Part 258，Volume 56，No. 196，October 9，1991.

2. *Air Emissions from Municipal Solid Waste Landfills- Background Information for Proposed Standards and Guidelines*，Office of Air Quality Planning and Standards，EPA-450/3-90-011a，Chapters 3 and 4，U.S. Environmental Protection Agency，Research Triangle Park，NC，March 1991.

3. *Characterization of Municipal Solid Waste in the United States：1992 Update*，Office of Solid Waste，EPA-530-R-92-019，U.S. Environmental Protection Agency，Washington，DC，NTIS No. PB92-207-166，July 1992.

4. Eastern Research Group，Inc.，*List of Municipal Solid Waste Landfills*，Prepared for the U.S. Environmental Protection Agency，Office of Solid Waste，Municipal and Industrial Solid Waste Division，Washington，DC，September 1992.

5. *Suggested Control Measures for Landfill Gas Emissions*，State of California Air Resources Board，Stationary Source Division，Sacramento，CA，August 1990.

6. “Standards of Performance for New Stationary Sources and Guidelines for Control of Existing Sources：Municipal Solid Waste Landfills；Proposed Rule，Guideline，and Notice of Public Hearing”，40 CFR Parts 51，52，and 60，Vol. 56，No. 104，May 30，1991.

7. S.W. Zison，Landfill Gas Production Curves：Myth Versus Reality，Pacific Energy，City of

Commerce，CA，[Unpublished]

8. R.L. Peer，et al.，Memorandum *Methodology Used to Revise the Model Inputs in the Municipal Solid Waste Landfills Input Data Bases（Revised）*，to the Municipal Solid Waste Landfills Docket No. A-88-09，April 28，1993.

9. A.R. Chowdhury，*Emissions from a Landfill Gas-Fired Turbine/Generator Set*，*Source Test Report C-84-33*，Los Angeles County Sanitation District，South Coast Air Quality Management District，June 28，1984.

10. Engineering-Science，Inc.，*Report of Stack Testing at County Sanitation District Los Angeles Puente Hills Landfill*，Los Angeles County Sanitation District，August 15，1984.

11. J.R. Manker，*Vinyl Chloride（and Other Organic Compounds）Content of Landfill Gas Vented to an Inoperative Flare*，*Source Test Report 84-496*，David Price Company，South Coast Air Quality Management District，November 30，1984.

12. S. Mainoff，*Landfill Gas Composition*，*Source Test Report 85-102*，Bradley Pit Landfill，South Coast Air Quality Management District，May 22，1985.

13. J. Littman，*Vinyl Chloride and Other Selected Compounds Present in A Landfill Gas Collection System Prior to and after Flaring*，*Source Test Report 85-369*，Los Angeles County Sanitation District，South Coast Air Quality Management District，October 9，1985.

14. W.A. Nakagawa，*Emissions from a Landfill Exhausting Through a Flare System*，*Source Test Report 85-461*，Operating Industries，South Coast Air Quality Management District，October 14，1985.

15. S. Marinoff，*Emissions from a Landfill Gas Collection System*，*Source Test Report 85-511*. Sheldon Street Landfill，South Coast Air Quality Management District，December 9，1985.

16. W.A. Nakagawa，*Vinyl Chloride and Other Selected Compounds Present in a Landfill Gas Collection System Prior to and after Flaring*，*Source Test Report 85-592*，Mission Canyon Landfill，Los Angeles County Sanitation District，South Coast Air Quality Management District，January 16，1986.

17. California Air Resources Board，*Evaluation Test on a Landfill Gas-Fired Flare at the BKK Landfill Facility*，West Covina，CA，ARB-SS-87-09，July 1986.

18. S. Marinoff，*Gaseous Composition from a Landfill Gas Collection System and Flare*，*Source Test*

Report 86-0342，Syufy Enterprises，South Coast Air Quality Management District，August 21，1986.

19. *Analytical Laboratory Report for Source Test*，Azusa Land Reclamation，June 30，1983，South Coast Air Quality Management District.

20. J.R. Manker，*Source Test Report C-84-202*，Bradley Pit Landfill，South Coast Air Quality Management District，May 25，1984.

21. S. Marinoff，*Source Test Report 84-315*，Puente Hills Landfill，South Coast Air Quality Management District，February 6，1985.

22. P.P. Chavez，*Source Test Report 84-596*，Bradley Pit Landfill，South Coast Air Quality Management District，March 11，1985.

23. S. Marinoff，*Source Test Report 84-373*，Los Angeles By-Products，South Coast air Quality Management District，March 27，1985.

24. J. Littman，*Source Test Report 85-403*，Palos Verdes Landfill，South Coast Air Quality Management District，September 25，1985.

25. S. Marinoff，*Source Test Report 86-0234*，Pacific Lighting Energy Systems，South Coast Air Quality Management District，July 16，1986.

26. South Coast Air Quality Management District，*Evaluation Test on a Landfill Gas-Fired Flare at the Los Angeles County Sanitation District's Puente Hills Landfill Facility*，[ARB/SS-87-06]，Sacramento，CA，July 1986.

27. D.L. Campbell，et al.，*Analysis of Factors Affecting Methane Gas Recovery from Six Landfills*，Air and Energy Engineering Research Laboratory，EPA-600/2-91-055，U.S. Environmental Protection Agency，Research Triangle Park，NC，September 1991.

28. Browning-Ferris Industries，Source Test Report，Lyon Development Landfill，August 21，1990.

29. X.V. Via，*Source Test Report*，Browning-Ferris Industries，Azusa Landfill.

30. M. Nourot，*Gaseous Composition from a Landfill Gas Collection System and Flare Outlet.* Laidlaw Gas Recovery Systems，to J.R. Farmer，OAQPS：ESD，December 8，1987.

31. D.A. Stringham and W.H. Wolfe，*Waste Management of North America，Inc.*，to J.R. Farmer，OAQPS：ESD，January 29，1988，Response to Section 114 questionnaire.

32. V. Espinosa，*Source Test Report 87-0318*，Los Angeles County Sanitation District Calabasas Landfill，South Coast Air Quality Management District，December 16，1987.

33. C.S. Bhatt，*Source Test Report 87-0329*，Los Angeles County Sanitation District，Scholl Canyon Landfill，South Coast Air Quality Management District，December 4，1987.

34. V. Espinosa，*Source Test Report 87-0391*，Puente Hills Landfill，South Coast Air Quality Management District，February 5，1988.

35. V. Espinosa，*Source Test Report 87-0376*，Palos Verdes Landfill，South Coast Air Quality Management District，February 9，1987.

36. Bay Area Air Quality Management District，*Landfill Gas Characterization*，Oakland，CA，1988.

37. Steiner Environmental，Inc.，*Emission Testing at BFI's Arbor Hills Landfill，Northville，Michigan*，September 22 through 25，1992，Bakersfield，CA，December 1992.

38. PEI Associates，Inc.，*Emission Test Report-Performance Evaluation Landfill-Gas Enclosed Flare，Browning Ferris Industries*，Chicopee，MA，1990.

39. Kleinfelder Inc.，*Source Test Report Boiler and Flare Systems*，Prepared for Laidlaw Gas Recovery Systems，Coyote Canyon Landfill，Diamond Bar，CA，1991.

40. Bay Area Air Quality Management District，*McGill Flare Destruction Efficiency Test Report for Landfill Gas at the Durham Road Landfill*，Oakland，CA，1988.

41. San Diego Air Pollution Control District，*Solid Waste Assessment for Otay Valley/Annex Landfill.* San Diego，CA，December 1988.

42. PEI Associates，Inc.，*Emission Test Report- Performance Evaluation Landfill Gas Enclosed Flare*，Rockingham，VT，September 1990.

43. Browning-Ferris Industries，*Gas Flare Emissions Source Test for Sunshine Canyon Landfill.* Sylmar，CA，1991.

44. Scott Environmental Technology，*Methane and Nonmethane Organic Destruction Efficiency Tests of an Enclosed Landfill Gas Flare*，April 1992.

45. BCM Engineers，Planners，Scientists and Laboratory Services，*Air Pollution Emission Evaluation Report for Ground Flare at Browning Ferris Industries Greentree Landfill，Kersey，Pennsylvania.* Pittsburgh，PA，May 1992.

46. EnvironMETeo Services Inc.，*Stack Emissions Test Report for Ameron Kapaa Quarry*，Waipahu，HI，January 1994.

47. Waukesha Pearce Industries，Inc.，*Report of Emission Levels and Fuel Economies for Eight*

Waukesha 12V-AT25GL Units Located at the Johnston, Rhode Island Central Landfill, Houston TX, July 19, 1991.

48. Mostardi-Platt Associates, Inc., *Gaseous Emission Study Performed for Waste Management of North America, Inc., CID Environmental Complex Gas Recovery Facility, August 8, 1989.* Chicago, IL, August 1989.

49. Mostardi-Platt Associates, Inc., *Gaseous Emission Study Performed for Waste Management of North America, Inc., at the CID Environmental Complex Gas Recovery Facility, July 12-14, 1989.* Chicago, IL, July 1989.

50. Browning-Ferris Gas Services, Inc., *Final Report for Emissions Compliance Testing of One Waukesha Engine Generator*, Chicopee, MA, February 1994.

51. Browning-Ferris Gas Services, Inc., *Final Report for Emissions Compliance Testing of Three Waukesha Engine Generators*, Richmond, VA, February 1994.

52. South Coast Environmental Company (SCEC), *Emission Factors for Landfill Gas Flares at the Arizona Street Landfill*, Prepared for the San Diego Air Pollution Control District, San Diego, CA, November 1992.

53. Carnot, *Emission Tests on the Puente Hills Energy from Landfill Gas (PERG) Facility- Unit 400, September 1993*, Prepared for County Sanitation Districts of Los Angeles County, Tustin, CA, November 1993.

54. Pape & Steiner Environmental Services, *Compliance Testing for Spadra Landfill Gas-to-Energy Plant, July 25 and 26, 1990*, Bakersfield, CA, November 1990.

55. AB2588 Source Test Report for Oxnard Landfill, July 23-27, 1990, by Petro Chem Environmental Services, Inc., for Pacific Energy Systems, Commerce, CA, October 1990.

56. AB2588 Source Test Report for Oxnard Landfill, October 16, 1990, by Petro Chem Environmental Services, Inc., for Pacific Energy Systems, Commerce, CA, November 1990.

57. Engineering Source Test Report for Oxnard Landfill, December 20, 1990, by Petro Chem Environmental Services, Inc., for Pacific Energy Systems, Commerce, CA, January 1991.

58. AB2588 Emissions Inventory Report for the Salinas Crazy Horse Canyon Landfill, Pacific Energy, Commerce, CA, October 1990.

59. Newby Island Plant 2 Site IC Engine's Emission Test, February 7-8, 1990, Laidlaw Gas Recovery

Systems，Newark，CA，February 1990.

60. Landfill Methane Recovery Part II：Gas Characterization，Final Report，Gas Research Institute，December 1982.

61. Letter from J.D. Thornton，Minnesota Pollution Control Agency，to R. Myers，U.S. EPA，February 1，1996.

62. Letter and attached documents from M. Sauers，GSF Energy，to S. Thorneloe，U.S. EPA，May 29，1996.

63. Landfill Gas Particulate and Metals Concentration and Flow Rate，Mountaingate Landfill Gas Recovery Plant，Horizon Air Measurement Services，prepared for GSF Energy，Inc.，May 1992.

64. Landfill Gas Engine Exhaust Emissions Test Report in Support of Modification to Existing IC Engine Permit at Bakersfield Landfill Unit #1，Pacific Energy Services，December 4，1990.

65. Addendum to Source Test Report for Superior Engine #1 at Otay Landfill，Pacific Energy Services，April 2，1991.

66. Source Test Report 88-0075 of Emissions from an Internal Combustion Engine Fueled by Landfill Gas，Penrose Landfill，Pacific Energy Lighting Systems，South Coast Air Quality Management District，February 24，1988.

67. Source Test Report 88-0096 of Emissions from an Internal Combustion Engine Fueled by Landfill Gas，Toyon Canyon Landfill，Pacific Energy Lighting Systems，March 8，1988.

68. Letter and attached documents from C. Nesbitt，Los Angeles County Sanitation Districts，to K. Brust，E.H. Pechan and Associates，Inc.，December 6，1996.

69. Determination of Landfill Gas Composition and Pollutant Emission Rates at Fresh Kills Landfill，revised Final Report，Radian Corporation，prepared for U.S. EPA，November 10，1995.

70. Advanced Technology Systems，Inc.，*Report on Determination of Enclosed Landfill Gas Flare Performance*，Prepared for Y & S Maintenance，Inc.，February 1995.

71. Chester Environmental，*Report on Ground Flare Emissions Test Results*，Prepared for Seneca Landfill，Inc.，October 1993.

72. Smith Environmental Technologies Corporation，*Compliance Emission Determination of the Enclosed Landfill Gas Flare and Leachate Treatment Process Vents*，Prepared for Clinton County Solid Waste Authority，April 1996.

73. AirRecon®，Division of RECON Environmental Corp.，*Compliance Stack Test Report for the Landfill Gas FLare Inlet & Outlet at Bethlehem Landfill*，Prepared for LFG Specialties Inc.，December 3，1996.

74. ROJAC Environmental Services，Inc.，*Compliance Test Report，Hartford Landfill Flare Emissions Test Program*，November 19，1993.

75. Normandeau Associates，Inc.，*Emissions Testing of a Landfill Gas Flare at Contra Costa Landfill，Antioch，California，March 22，1994 and April 22，1994*，May 17，1994.

76. Roe，S.M.，et. al.，*Methodologies for Quantifying Pollution Prevention Benefits from Landfill Gas Control and Utilization*，Prepared for U.S. EPA，Office of Air and Radiation，Air and Energy Engineering Laboratory，EPA-600/R-95-089，July 1995.

5　露天焚烧处置

5.1　概述[1]

露天焚烧可以在开放式的鼓或筐、田地或庭院以及大型开放式垃圾场或深坑中进行，焚烧的物质通常包括城市生活垃圾、汽车车身部件、景观垃圾、农田垃圾、废木料、大体积工业垃圾和树叶。

现行法规禁止露天焚烧有害垃圾，炸药（尤其是有爆炸可能的废炸药）和军用推进剂（无法通过其他处理模式安全处置的）的露天焚烧和引爆除外。

以下是与各种露天焚烧对应的源分类代码：

- 政府

5-01-002-01　一般垃圾

5-01-002-02　仅植物类

- 商业/公共机构

5-02-002-01　木材

5-02-002-02　废弃物

- 工业

5-03-002-01　木材/植物类/树叶

5-03-002-02　废弃物

5-03-002-03　汽车车身组件

5-03-002-04　煤矸石堆

5-03-002-05　火箭推进剂

5.2 排放物[1-22]

地面露天焚烧排放物受很多因素影响，其中包括风力、环境温度、焚烧的垃圾的成分和水分含量以及堆放的紧密程度。一般而言，露天焚烧的温度相对越低，颗粒物、一氧化碳和碳氢化合物的排放越多，氮氧化物的排放越少。硫氧化物的排放是垃圾中含硫量的直接函数。

5.2.1 城市生活垃圾

城市生活垃圾露天焚烧的排放因子参见表 5-1。

表 5-1 （SI 制和英制）城市生活垃圾露天焚烧的排放因子

排放因子等级：D

排放源	颗粒	硫氧化物	一氧化碳	TOC[a]		氮氧化物
				甲烷	非甲烷	
城市生活垃圾[b]						
kg/Mg	8	0.5	42	6.5	15	3
lb/ton	16	1	85	13	30	6
汽车组件[c]						
kg/Mg	50	Neg[d]	62	5	16	2
lb/ton	100	Neg	125	10	32	4

[a] 数据表明，总有机化合物（TOC）排放中约含甲烷 25%、其他饱和物 8%、烯烃 18%、其他（含氧物、乙炔、芳烃、微量甲醛）42%。

[b] 参考文献 2 和 7。

[c] 参考文献 2。室内装潢、皮带、软管和轮胎一起燃烧。

[d] Neg 表示可忽略。

5.2.2 汽车组件

汽车组件（如内饰件、皮带、软管和轮胎）露天焚烧的排放因子参见表 5-1。

废弃轮胎焚烧的排放因子参见表 5-2 至表 5-4。尽管很多州县露天焚烧轮胎都是不合法的，但仍然经常会有由于轮胎贮存或非法焚烧活动引起的火灾。如果此处出现的排放因子用于估算意外轮胎起火造成的排放，则应当注意，轮胎焚烧的排放量通常取决于轮胎的焚烧速度。焚烧速度越慢(如轮胎慢燃而不是失控焚烧)，排放量越大。此外，对于估算意外轮胎起火造成的排放，此处显示的轮胎块排放因子比轮胎碎片排放因子更为适合，因为实际火灾中轮胎块之间的空气间隙更大。如参考文献 21 中所述，根据这些结果很难估算大堆轮胎的排放量，但可以将排放量与质量焚烧速率关联。要使用文献数据信息，以下估算可能会有所助益：参考文献 21 中测试的轮胎重约 7 kg（15.4 lb），1 个轮胎的体积约为 0.2 m^3（7 ft^3）。表 5-2 列出了金属颗粒的排放因子。表 5-3 列出了多环芳烃（Polycyclic Aromatic Hydrocarbon，PAH）的排放因子。表 5-4 列出了其他挥发性烃类的排放因子。有关这个主题更为详细的信息，参见本章最后引用的参考文献。

表 5-2 （SI 制和英制）轮胎露天焚烧的金属颗粒排放因子 [a]

排放因子等级：C

污染物	轮胎状态			
	块状 [b]		碎片状 [b]	
	mg/kg 轮胎	lb/1 000 ton 轮胎	mg/kg 轮胎	lb/1 000 ton 轮胎
铝	3.07	6.14	2.37	4.73
锑 [c]	2.94	5.88	2.37	4.73
砷 [c]	0.05	0.10	0.20	0.40
钡	1.46	2.92	1.18	2.35
钙	7.15	14.30	4.73	9.47
铬 [c]	1.97	3.94	1.72	3.43
铜	0.31	0.62	0.29	0.58
铁	11.80	23.61	8.00	15.99
铅 [c]	0.34	0.67	0.10	0.20
镁	1.04	2.07	0.75	1.49
镍 [c]	2.37	4.74	1.08	2.15
硒 [c]	0.06	0.13	0.20	0.40
硅	41.00	82.00	27.52	55.04
钠	7.68	15.36	5.82	11.63
钛	7.35	14.70	5.92	11.83
钒	7.35	14.70	5.92	11.83
锌	44.96	89.92	24.75	49.51

[a] 参考文献 21。

[b] 值都是加权平均值。

[c] 有害空气污染物在《清洁空气法》中列出。

表 5-3 （SI 制和英制）轮胎露天焚烧的多环芳烃排放因子[a]

排放因子等级：D

污染物	轮胎状态			
	块状[b,c]		碎片状[b,c]	
	mg/kg 轮胎	lb/1 000 ton 轮胎	mg/kg 轮胎	lb/1 000 ton 轮胎
苊	718.20	1 436.40	2 385.60	4 771.20
苊烯	570.20	1 140.40	568.08	1 136.17
蒽	265.60	531.20	49.61	99.23
苯并[*a*]芘	173.80	347.60	115.16	230.32
苯并[*b*]荧蒽	183.10	366.20	89.07	178.14
苯并[*g*,*h*,*i*]苝	36.20	72.40	160.84	321.68
苯并[*k*]荧蒽	281.80	563.60	100.24	200.48
苯并[*a*]蒽	7.90	15.80	103.71	207.43
䓛	48.30	96.60	94.83	189.65
二苯并[*a*,*h*]蒽	54.50	109.00	0.00	0.00
荧蒽	42.30	84.60	463.35	926.69
芴	43.40	86.80	189.49	378.98
茚并[1,2,3-*cd*]芘	58.60	117.20	86.38	172.76
萘[d]	0.00	0.00	490.85	981.69
菲	28.00	56.00	252.73	505.46
芘	35.20	70.40	153.49	306.98

[a] 参考文献 21。

[b] 值 0.00 表示未发现污染物。

[c] 值都是加权平均值。

[d] 有害空气污染物在《清洁空气法》中列出。

表 5-4 （SI 制和英制）轮胎露天焚烧的有机化合物排放因子[a]

排放因子等级：C

污染物	轮胎状态			
	块状[b,c]		碎片状[b,c]	
	mg/kg 轮胎	lb/1 000 ton 轮胎	mg/kg 轮胎	lb/1 000 ton 轮胎
1,1′-联苯-甲基	12.71	25.42	0.00	0.00
1H 芴	191.27	382.54	315.18	630.37
1-甲基萘	299.20	598.39	227.87	455.73
2-甲基萘	321.47	642.93	437.06	874.12
苊烯	592.70	1 185.39	549.32	1 098.63
苯甲醛	223.34	446.68	322.05	644.10
苯[d]	1 526.39	3 052.79	1 929.93	3 859.86

污染物	轮胎状态			
	块状[b, c]		碎片状[b, c]	
	mg/kg 轮胎	lb/1 000 ton 轮胎	mg/kg 轮胎	lb/1 000 ton 轮胎
苯并二嗪	13.12	26.23	17.43	34.87
苯并呋喃	40.62	81.24	0.00	0.00
苯并噻吩	10.31	20.62	914.91	1 829.82
苯并[b]噻吩	50.37	100.74	0.00	0.00
苯并异噻唑	0.00	0.00	151.66	303.33
联苯[d]	190.08	380.16	329.65	659.29
丁二烯[d]	117.14	234.28	138.97	277.95
苯甲腈	203.81	407.62	509.34	1 018.68
环戊二烯	67.40	134.80	0.00	0.00
二氢化茚	9.82	19.64	30.77	61.53
二甲苯	323.58	647.16	940.91	1881.83
二甲基二烯	6.22	12.44	73.08	146.15
二甲基萘	35.28	70.55	155.28	310.57
二甲基二氢茚	5.02	10.04	27.60	55.20
乙烯基-二甲基苯	11.50	23.01	196.34	392.68
乙烯基-甲基苯	12.48	24.95	21.99	43.98
乙烯基苯[d]	539.72	1 079.44	593.15	1 186.31
乙烯基环已烯	4.85	9.70	89.11	178.22
乙烯基甲苯	103.13	206.26	234.59	469.19
乙烯基甲苯	0.00	0.00	42.04	84.07
乙基-甲基苯	79.29	158.58	223.79	447.58
乙苯	138.94	277.87	335.12	670.24
乙炔基-甲基苯	459.31	918.62	345.25	690.50
乙炔基苯	259.82	519.64	193.49	386.98
庚二烯	6.40	12.79	42.12	84.24
氮杂环庚烷酮	64.35	128.69	764.03	1 528.05
茚	472.74	945.48	346.23	692.47
异氰基苯	283.78	567.55	281.13	562.25
异氰基萘	10.75	21.51	0.00	0.00
柠檬烯	48.11	96.22	2 309.57	4 619.14
甲基-乙烯基苯	21.15	42.30	67.05	134.10
甲基-甲基乙烯基苯	35.57	71.13	393.78	787.56
甲基-甲基乙基苯	109.69	219.39	1 385.03	2 770.07
甲基苯甲醛	0.00	0.00	75.49	150.98
甲苯	1 129.80	2 259.60	1 395.04	2 790.08

污染物	轮胎状态			
	块状[b,c]		碎片状[b,c]	
	mg/kg 轮胎	lb/1 000 ton 轮胎	mg/kg 轮胎	lb/1 000 ton 轮胎
甲基环己烯	3.91	7.83	33.44	66.88
甲基二烯	15.59	31.18	102.20	204.40
甲基茚	50.04	100.07	286.68	573.36
甲基-甲基乙基苯	11.76	23.52	114.33	228.66
甲基萘	144.78	289.56	122.68	245.37
甲基-丙基苯	0.00	0.00	30.14	60.28
甲基噻吩	4.39	8.78	10.52	21.03
亚甲基茚	30.37	60.75	58.91	117.82
甲基乙基苯	41.40	82.79	224.23	448.46
苯酚[d]	337.71	675.41	704.90	1 409.80
丙烯基-甲基苯	0.00	0.00	456.59	913.18
丙烯基萘	26.80	53.59	0.00	0.00
丙苯	19.43	38.87	215.13	430.26
苯乙烯[d]	618.77	1 237.53	649.92	1 299.84
四甲基苯	0.00	0.00	121.72	243.44
噻吩	17.51	35.02	31.11	62.22
三氯氟甲烷	138.10	276.20	0.00	0.00
三甲苯	195.59	391.18	334.80	669.59
三甲基萘	0.00	0.00	316.26	632.52

[a] 参考文献 21。

[b] 值 0.00 表示未发现污染物。

[c] 值都是加权平均值。

[d] 有害空气污染物在《清洁空气法》中列出。

5.2.3 农业垃圾

有机农业垃圾

有机垃圾焚烧是指农作物、木材和树叶的焚烧。有机农业垃圾焚烧产生的排放物主要取决于垃圾的含水量。就农作物而言，则取决于焚烧是顺风火还是逆风火。顺风火是指在农场的迎风面沿着风向前进，而逆风火是指在下风侧逆着风向前进。

在某些情况下，其他变量也很重要，如燃料负载（单位土地面积焚烧的垃圾材料量）和垃圾排列方式（堆放、成排或分散）。农业垃圾露天焚烧的排放因子参见表 5-5，这些排放因子是垃圾类型的函数，在某些情况下也是焚烧技术和水分含量的函数（已知这些变量对排放有重要影响时）。表 5-5 还列出了与每类垃圾相关的典型燃料负载值。这些值可以与对应的排放因子一起使用，估算某些类别农业焚烧的排放量（给定面积的特定燃料负载未知时）。

表 5-5 （SI 制和英制）农业物料露天焚烧的排放因子和燃料负载因子[a]

排放因子等级：D

垃圾类别	颗粒[b]		一氧化碳		TOC[c]				燃料负载因子（垃圾产出）	
					甲烷		非甲烷			
	kg/Mg	lb/ton	kg/Mg	lb/ton	kg/Mg	lb/ton	kg/Mg	lb/ton	Mg/hm^2	ton/英亩
农作物[d]										
未指明	11	21	58	117	2.7	5.4	9	18	4.5	2
焚烧技术不明显[e]										
芦笋[f]	20	40	75	150	10	20	33	66	3.4	1.5
大麦	11	22	78	157	2.2	4.5	7.5	15	3.8	1.7
玉米	7	14	54	108	2	4	6	12	9.4	4.2
棉花	4	8	88	176	0.7	1.4	2.5	5	3.8	1.7
青草	8	16	50	101	2.2	4.5	7.5	15		
菠萝[g]	4	8	56	112	1	2	3	6		
水稻[h]	4	9	41	83	1.2	2.4	4	8	6.7	3
红花	9	18	72	144	3	6	10	20	2.9	1.3
高粱	9	18	38	77	1	2	3.5	7	6.5	2.9
甘蔗[i]	2.3～3.5	6～8.4	30～41	60～81	0.6～2	1.2～3.8	2～6	4～12	8～46	3～17
顺风火焚烧[j]										
苜蓿	23	45	53	106	4.2	8.5	14	28	1.8	0.8
豆类（红豆）	22	43	93	186	5.5	11	18	36	5.6	2.5
干草（野生）	16	32	70	139	2.5	5	8.5	17	2.2	1
燕麦	22	44	68	137	4	7.8	13	26	3.6	1.6
豌豆	16	31	74	147	4.5	9	15	29	5.6	2.5
小麦	11	22	64	128	2	4	6.5	13	4.3	1.9
逆风火焚烧[k]										
苜蓿	14	29	60	119	4.5	9	14	29	1.8	0.8
豆类（红豆）	7	14	72	148	3	6	10	19	5.6	2.5
干草（野生）	8	17	75	150	2	4	6.5	13	2.2	1
燕麦	11	21	68	136	2	4	7	14	3.6	1.6

垃圾类别	颗粒[b]		一氧化碳		TOC[c]				燃料负载因子（垃圾产出）	
					甲烷		非甲烷			
	kg/Mg	lb/ton	kg/Mg	lb/ton	kg/Mg	lb/ton	kg/Mg	lb/ton	Mg/hm^2	ton/英亩
小麦	6	13	54	108	1.3	2.6	4.5	9	4.3	1.9
蔓生作物	3	5	26	51	0.8	1.7	3	5	5.6	2.5
杂草										
未指明	8	15	42	85	1.5	3	4.5	9	7.2	3.2
猪毛菜（风滚草）	11	22	154	309	0.2	0.5	0.8	1.5	0.2	0.1
狗尾草（野芦苇）	3	5	17	34	3.2	6.5	10	21		
果园作物[d,l,m]										
未指明	3	6	26	52	1.2	2.5	4	8	3.6	1.6
杏仁	3	6	23	46	1	2	3	6	3.6	1.6
苹果	2	4	21	42	0.5	1	1.5	3	5.2	2.3
杏	3	6	24	49	1	2	3	6	4	1.8
牛油果	10	21	58	116	3.8	7.5	12	25	3.4	1.5
樱桃	4	8	22	44	1.2	2.5	4	8	2.2	1
柑橘类（橘子、柠檬）	3	6	40	81	1.5	3	5	9	2.2	1
海枣	5	10	28	56	0.8	1.7	3	5	2.2	1
无花果	4	7	28	57	1.2	2.5	4	8	4.9	2.2
油桃	2	4	16	33	0.5	1	1.5	3	4.5	2
果园作物[d,l,m]										
橄榄	6	12	57	114	2	4	7	14	2.7	1.2
桃	3	6	21	42	0.6	1.2	2	4	5.6	2.5
梨	4	9	28	57	1	2	3.5	7	5.8	2.6
西梅	2	3	24	47	1	2	3	6	2.7	1.2
胡桃	3	6	24	47	1	2	3	6	2.7	1.2
森林废弃物[n]										
未指明	8	17	70	140	2.8	5.7	9	19	157	70
铁杉、花旗松、雪松[p]	2	4	45	90	0.6	1.2	2	4	ND	ND
西黄松[q]	6	12	98	195	1.7	3.3	5.5	11	ND	ND

[a] 表示排放的污染物重量/焚烧的垃圾材料重量。ND 表示无数据。

[b] 参考文献 12。大多数农业垃圾焚烧产生的颗粒物尺寸在亚微米范围内。

[c] 数据表明，排放的总有机化合物（Total Organic Compound，TOC）中 22%为甲烷，7.5%为其他饱和烃，17%为烯烃，15%为乙炔，38.5%不详。不详的 TOC 可能是醛类、酮类、芳香烃、环烷烃。

[d] 排放因子相关信息参见参考文献 12-13；燃料负载因子相关信息参见参考文献 14。

[e] 对于这些垃圾材料，顺风火和逆风火的排放量之间没有太大差别。

[f] 因子代表典型高含水量条件下的排放。如果将蕨类烘干至含水量<15%，颗粒物排放会减少 30%，CO 排放会减少 23%，TOC 排放会减少 74%。

[g] 参考文献 11。如果将菠萝烘干至含水量<20%，点火技术就无关紧要了。如果在含水量为 20%的顺风火条件下焚烧，颗粒物排放量会增加至 11.5 kg/Mg（23 lb/ton），TOC 排放量会增加至 6.5 kg/Mg（13 lb/t）。

[h] 因子用于干稻秆（含水量为 15%）。如果在含水量较高的水平下焚烧稻秆，颗粒物排放量会增加至 14.5 kg/Mg（29 lb/t），CO 排放量会增加至 80.5 kg/Mg（181 lb/ton），VOC 排放量会增加至 11.5 kg/Mg（23 lb/t）。

[i] 参考文献 20。甘蔗焚烧的详细信息，请参考 EPA 其他相关章节。以下是与各州对应的燃料负载因子：路易斯安那州，8～13.6 Mg/hm^2（3～5 ton/英亩）；佛罗里达州，11～19 Mg/hm^2（4～7 ton/英亩）；夏威夷州，30～48 Mg/hm^2（11～17 ton/英亩）。对于其他地区，因子值通常随着生长季的延长而增加。较小的负载因子使用排放因子范围的最高限制。

[j] 参见顺风火的定义文字。

[k] 参见逆风火的定义文字。为了估算排放量，此类别包括偶尔用到的另一种技术（称为迎风条状照明）来限制排放量，这种技术就是以 100～200 m（300～600 英尺）的间隔迎风点亮条形场地。

[l] 果园的剪枝通常成堆焚烧。冷堆焚烧和使用滚珠技术焚烧没有太大区别，都是剪枝被推到前面火堆的余火上进行焚烧。

[m] 如果清理果园是为了焚烧，那么会生成 66 Mg/hm^2（30 ton/英亩）的垃圾。

[n] 参考文献 10。NO_x 排放量的估算值为 2 kg/Mg（4 lb/ton）。

[p] 参考文献 15。

[q] 参考文献 16。

树叶焚烧的排放量取决于树叶堆的水分含量、密度和点火位置。树叶的水分含量越多，通常一氧化碳、碳氢化合物和颗粒物排放量就越多。如果水分含量高，一氧化碳的排放量就会降低；如果水分含量低，一氧化碳排放量则会增加。树叶堆的密度越大，碳氢化合物和颗粒物排放量越多，但对一氧化碳排放量的影响不定。

点燃树叶堆底部时，树叶露天焚烧的排放量最高；点燃树叶堆顶部的一个点时，树叶焚烧的排放量最低。点燃料堆（将树叶堆成一长列，从一端点燃后向另一端焚烧）排放的颗粒物、碳氢化合物和一氧化碳在料堆顶部和底部之间起中间媒介作用。树叶焚烧的排放因子参见表 5-6。有关这个主题更为详细的信息参见本章最后引用的参考文献。

表 5-6 （SI 制和英制）树叶焚烧的排放因子[a]

排放因子等级：D

叶种	颗粒[b]		一氧化碳		TOC[c]			
					甲烷		非甲烷	
	kg/Mg	lb/ton	kg/Mg	lb/ton	kg/Mg	lb/ton	kg/Mg	lb/ton
黑槿	18	36	63.5	127	5.5	11	13.5	27
莫德斯托白蜡木	16	32	81.5	163	5	10	12	24
水曲柳	21.5	43	57	113	6.5	13	16	32
梓属	8.5	17	44.5	89	2.5	5	6.5	13
七叶树	27	54	73.5	147	8	17	20	40
棉白杨	19	38	45	90	6	12	14	28
美洲榆	13	26	59.5	119	4	8	9.5	19
桉树	18	36	45	90	5.5	11	13.5	27
香枫	16.5	33	70	140	5	10	12.5	25
洋槐	35	70	65	130	11	22	26	52
木兰	6.5	13	27.5	55	2	4	5	10
银槭	33	66	51	102	110	20	24.5	49
美洲桐木	7.5	15	57.5	115	2.5	5	5.5	11
加州悬铃木	5	10	52	104	1.5	3	3.5	7
郁金香	10	20	38.5	77	3	6	7.5	15
红橡木	46	92	68.5	137	14	28	34	69
糖枫	26.5	53	54	108	8	16	20	40
未指明	19	38	56	112	6	12	14	28

[a] 参考文献 18-19。因子是高含水量和低含水量锥形料堆焚烧（在料堆顶部或底部周围点燃）得出结果的算术平均值。仅对莫德斯托白蜡木、梓属、美洲榆、香枫、银槭和鹅掌楸的料堆排列进行了测试，测试结果为这些叶种的平均值。

[b] 大多数颗粒的尺寸为亚微米。

[c] 测试结果表明，排放的 TOC 中 29%为甲烷，11%为其他饱和烃，33%为烯烃，27%为其他化合物（芳香剂、乙炔、充氧剂）。

5.2.4 农用塑料薄膜

农用塑料薄膜用来控制地面湿度和防止杂草丛生。大量塑料薄膜通常在焚烧农作物时处置，也可以收集成一大堆单独焚烧或在气幕中焚烧。焚烧农用塑料薄膜的排放量取决于薄膜是崭新的还是用植被和杀虫剂处置过的。表 5-7 列出了新旧塑料薄膜成堆焚烧或强制空气进入薄膜堆模拟气幕燃烧时排放的有机化合物的排放因子。表 5-8 列出了无机塑料薄膜露天焚烧排放的 PAH 的排放因子。

表 5-7 （SI 制和英制）塑料薄膜露天焚烧的有机化合物排放因子[a]

排放因子等级：C

污染物	单位	塑料的状况			
		未使用的塑料		已使用的塑料	
		成堆[b]	强制空气进入[c]	成堆[b]	强制空气进入[c]
苯	mg/kg 塑料	0.047 8	0.028 8	0.012 3	0.024 4
	lb/1 000 ton 塑料	0.095 5	0.057 5	0.024 7	0.048 8
甲苯	mg/kg 塑料	0.004 6	0.008 1	0.003 3	0.012 4
	lb/1 000 ton 塑料	0.009 2	0.016 1	0.006 6	0.024 8
乙苯	mg/kg 塑料	0.000 6	0.002 9	0.001 2	0.005 6
	lb/1 000 ton 塑料	0.001 1	0.005 8	0.002 5	0.011 1
1-己烯	mg/kg 塑料	0.001 0	0.014 8	0.004 3	0.022 0
	lb/1 000 ton 塑料	0.002 0	0.029 6	0.008 6	0.044 0

[a] 参考文献 22。

[b] 排放因子用于成堆收集焚烧的塑料。

[c] 排放因子用于借助强制空气流成堆焚烧的塑料。

表 5-8 （SI 制和英制）农用塑料薄膜露天焚烧的多环芳烃排放因子[a]

排放因子等级：C

污染物	单位	塑料的状况			
		未使用的塑料		已使用的塑料	
		成堆[b]	强制空气进入[c]	成堆[b]	强制空气进入[c,d]
蒽	μg/kg 塑料薄膜	7.14	0.66	1.32	0.40
	lb/1 000 ton 塑料薄膜	0.014 3	0.001 3	0.002 6	0.000 8
苯并[*a*]芘	μg/kg 塑料薄膜	41.76	1.45	7.53	0.00
	lb/1 000 ton 塑料薄膜	0.083 5	0.002 9	0.015 1	0.000 0
苯并[*b*]荧蒽	μg/kg 塑料薄膜	34.63	1.59	9.25	0.93
	lb/1 000 ton 塑料薄膜	0.069 3	0.003 2	0.018 5	0.001 9
苯并[*e*]芘	μg/kg 塑料薄膜	32.38	1.45	9.65	0.00
	lb/1 000 ton 塑料薄膜	0.064 8	0.002 9	0.019 3	0.000 0
苯并[*g,h,i*]苝	μg/kg 塑料薄膜	49.43	2.11	14.93	0.00
	lb/1 000 ton 塑料薄膜	0.098 9	0.004 2	0.029 9	0.000 0

污染物	单位	塑料的状况			
		未使用的塑料		已使用的塑料	
		成堆[b]	强制空气进入[c]	成堆[b]	强制空气进入[c,d]
苯并[*k*]荧蒽	μg/kg 塑料薄膜	13.74	0.66	2.51	0.00
	lb/1 000 ton 塑料薄膜	0.027 5	0.001 3	0.005 0	0.000 0
苯并[*a*]蒽	μg/kg 塑料薄膜	52.73	2.91	14.41	1.19
	lb/1 000 ton 塑料薄膜	0.105 5	0.005 8	0.028 8	0.002 4
䓛	μg/kg 塑料薄膜	54.98	3.70	17.18	1.19
	lb/1 000 ton 塑料薄膜	0.11	0.007 4	0.034 4	0.002 4
荧蒽	μg/kg 塑料薄膜	313.08	53.39	107.05	39.12
	lb/1 000 ton 塑料薄膜	0.626 2	0.106 8	0.214 1	0.078 2
茚并[1,2,3-*cd*]芘	μg/kg 塑料薄膜	40.04	2.78	10.7	0
	lb/1 000 ton 塑料薄膜	0.080 1	0.005 6	0.021 4	0
菲	μg/kg 塑料薄膜	60.4	12.56	24.05	8.72
	lb/1 000 ton 塑料薄膜	0.120 8	0.025 1	0.048 1	0.017 4
芘	μg/kg 塑料薄膜	203.26	18.24	58.81	5.95
	lb/1 000 ton 塑料薄膜	0.406 5	0.036 5	0.117 6	0.011 9
惹烯	μg/kg 塑料薄膜	32.38	2.91	18.77	3.04
	lb/1 000 ton 塑料薄膜	0.064 8	0.005 8	0.037 5	0.006 1

[a] 参考文献 22。

[b] 排放因子用于成堆收集焚烧的塑料。

[c] 排放因子用于借助强制空气流成堆焚烧的塑料。

[d] 值 0.00 和 0.000 0 表示在当前条件下未发现污染物。

5.3 参考文献

1. *Air Pollutant Emission Factors. Final Report*，National Air Pollution Control Administration，Durham，NC Contract Number CPA A-22-69-119，Resources Research，Inc.，Reston，VA，April 1970.

2. R. W. Gerstle and D. A. Kemnitz，"Atmospheric Emissions From Open Burning"，*Journal Of Air Pollution Control Association*，12：324-327，May 1967.

3. J. O. Burkle，*et al.*，"*The Effects Of Operating Variables And Refuse Types On Emissions From A Pilot-Scale Trench Incinerator*"，In：*Proceedings Of 1968 Incinerator Conference*，*American Society*

Of Mechanical Engineers. New York. p.34-41， May 1968.

4. M. I. Weisburd and S. S. Griswold（eds.），*Air Pollution Control Field Operations Guide：A Guide For Inspection And Control*，PHS Publication No. 937，U.S. DHEW，PHS，Division Of Air Pollution，Washington，D.C.，1962.

5. Unpublished Data On Estimated Major Air Contaminant Emissions，State Of New York Department Of Health，Albany，NY，April 1，1968.

6. E. F. Darley，*et al.*，"Contribution Of Burning Of Agricultural Wastes To Photochemical Air Pollution"，*Journal Of Air Pollution Control Association*，16：685-690，December 1966.

7. M. Feldstein，*et al.*，"The Contribution Of The Open Burning Of Land Clearing Debris To Air Pollution"，*Journal Of Air Pollution Control Association*，13：542-545，November 1963.

8. R. W. Boubel，*et al.*，"Emissions From Burning Grass Stubble And Straw"，*Journal Of Air Pollution Control Association*，19：497-500，July 1969.

9. "Waste Problems Of Agriculture And Forestry"，*Environmental Science And Technology*，2：498，July 1968.

10. G. Yamate，*et al.*，"An Inventory Of Emissions From Forest Wildfires，Forest Managed Burns，And Agricultural Burns And Development Of Emission Factors For Estimating Atmospheric Emissions From Forest Fires"，Presented At 68th Annual Meeting Air Pollution Control Association，Boston，MA，June 1975.

11. E. F. Darley，*Air Pollution Emissions From Burning Sugar Cane And Pineapple From Hawaii*，University Of California，Riverside，Calif. Prepared For Environmental Protection Agency，Research Triangle Park，N.C，as amendment of Research Grant No. R800 711. August 1974.

12. E. F. Darley，*et al.*，*Air Pollution From Forest And Agricultural Burning. California Air Resources Board Project 2-017-1*，California Air Resources Board Project No. 2-017-1，University Of California，Davis，CA，April 1974.

13. E. F. Darley，Progress Report On Emissions From Agricultural Burning，California Air Resources Board Project 4-011，University Of California，Riverside，CA，Private communication with permission of Air Resources Board，June 1975.

14. Private communication on estimated waste production from agricultural burning activities. California Air Resources Board，Sacramento，CA. September 1975.

15. L. Fritschen, *et al.*, *Flash Fire Atmospheric Pollution.* U.S. Department of Agriculture, Washington, D.C., Service Research Paper PNW-97. 1970.

16. D. W. Sandberg, *et al.*, "Emissions From Slash Burning And The Influence Of Flame Retardant Chemicals". *Journal Of Air Pollution Control Association*, *25*: 278, 1975.

17. L. G. Wayne And M. L. McQueary, *Calculation Of Emission Factors For Agricultural Burning Activities*, EPA-450-3-75-087, Environmental Protection Agency, Research Triangle Park, NC, Prepared Under Contract No. 68-02-1004, Task Order No. 4. By Pacific Environmental Services, Inc., Santa Monica, CA, November 1975.

18. E. F. Darley, *Emission Factor Development For Leaf Burning*, University of California, Riverside, CA, Prepared For Environmental Protection Agency, Research Triangle Park, NC, Under Purchase Order No. 5-02-6876-1, September 1976.

19. E. F. Darley, *Evaluation Of The Impact Of Leaf Burning—Phase I: Emission Factors For Illinois Leaves*, University Of California, Riverside, CA, Prepared For State of Illinois, Institute For Environmental Quality, August 1975.

20. J. H. Southerland and A. McBath. *Emission Factors And Field Loading For Sugar Cane Burning*, MDAD, OAQPS, U.S. Environmental Protection Agency, Research Triangle Park, NC, January 1978.

21. *Characterization Of Emissions From The Simulated Open Burning Of Scrap Tires*, EPA-600/2-89-054, U.S. Environmental Protection Agency, Research Triangle Park, NC, October 1989.

22. W. P. Linak, *et al.*, "Chemical And Biological Characterization Of Products Of Incomplete Combustion From The Simulated Field Burning Of Agricultural Plastic", *Journal Of Air Pollution Control Association*, *39* (6), EPA-600/J-89/025, U.S. Environmental Protection Agency Control Technology Center, June 1989.

6 汽车车身焚化处置

由于没有发现最新数据，目前也鲜少实践，因此本章讲述的内容虽已通过审核，但自最初发布后再未更新。汽车车身可以切碎或压碎，用作二次金属生产操作中的废金属。

6.1 工艺过程说明

汽车焚化炉由单个一次风室组成，拆除了部分零部件的一辆或多辆汽车在里面焚烧（轮胎被拆除）。同时焚烧两个车身需要 30～40 min。这种分批式操作，每天可以焚烧 50 多辆汽车，具体取决于焚化炉的容量。汽车放在传送带上经过隧道式焚化炉，这样每天连续工作 8 h 可以焚烧 50 多辆汽车。

6.2 排放物及其控制 [1]

焚化炉结构设计决定的燃烧程度和汽车上剩余的可燃材料数量都对排放量有很大影响。汽车车身焚化过程中温度达到近 650℃（1 200℉）[2]。与少量可燃材料相比，车身焚烧需要体积庞大的焚化炉，因此燃烧温度相对较低。一次风室中燃尽风喷嘴提供的空气和紊流可提高燃烧效率。

为了减少这种焚烧方法生成的各种空气污染物，某些汽车焚化炉装备了排放控制设备。颗粒物减排已经用到的控制设备包括补燃器和低压静电除尘器，前者还能减少某些气态污染物的排放 [3,4]。用补燃器控制排放时，二次风室中的温度应当不低于 815℃（1 500℉）。温度越低，排放量越高。汽车车身焚化炉的排放因子参见表 6-1。颗粒物大多属于 PM_{10}，但并无可用数据支持这种假设。尽管没有可用数据支持，但仍然认定有 HCl 排放，因为汽车中增用了含氯塑料材料。

表 6-1 （SI 制和英制）汽车车身焚化的排放因子[a]

排放因子等级：D

污染物	未控制		装有补燃器	
	lb/车	kg/车	lb/车	kg/车
颗粒[b]	2	0.9	1.5	0.68
一氧化碳[c]	2.5	1.1	Neg[e]	Neg
TOC（作为 CH_4）[c]	0.5	0.23	Neg	Neg
氮氧化物（NO_2）[d]	0.1	0.05	0.02	0.01
醛类（HCOH）[d]	0.2	0.09	0.06	0.03
有机酸类（乙酸）[d]	0.21	0.1	0.07	0.03

[a] 基于 250 lb（113 kg）已拆卸零部件车身上的可燃材料。

[b] 参考文献 2 和 4。

[c] 基于露天焚烧以及参考文献 2 和 5 的数据。

[d] 参考文献 3。

[e] Neg 表示可忽略不计。

6.3 参考文献

1. *Air Pollutant Emission Factors Final Report*，National Air Pollution Control Administration，Durham，NC，Contract Number CPA-22-69-119，Resources Research Inc. Reston，VA，April 1970.

2. E. R. Kaiser and J. Tolcias，“Smokeless Burning Of Automobile Bodies”，*Journal of the Air Pollution Control Association*，*12*：64-73，February 1962.

3. F. M. Alpiser，“Air Pollution From Disposal Of Junked Autos”，*Air Engineering*，*10*：18-22，November 1968.

4. Private communication with D. F. Walters，U.S. DHEW，PHS，Division of Air Pollution，Cincinnati，OH，July 19，1963.

5. R. W. Gerstle and D. A. Kemnitz，“Atmospheric Emissions From Open Burning”，*Journal of the Air Pollution Control Association*，*17*：324-327. May 1967.

7 锥形燃烧器

由于没有发现最新数据，因此本章讲述的内容自最初发布后再未更新。与过去相比，锥形燃烧器现在鲜少使用，基本已被淘汰。

7.1 工艺过程说明[1]

锥形燃烧器通常是带有遮顶通风口的截断金属锥。填料通过输送机或推土机置于上升的炉排上，使用输送机会使焚烧效率更高。虽然不会用到补充燃料，但一般需要通过一次风（吹进炉排下方的燃烧室）和燃尽风（通过外壳的边沿开口引入）补充燃烧空气。

7.2 排放物及其控制

锥形燃烧器排出的污染物数量和类型取决于填充材料的成分和水分含量、燃烧空气的控制、所用填料系统的类型以及焚化炉的维护水平，其中最重要的因素是焚化炉的维护水平。锥形燃烧器经常会由于缺少通道和孔洞而导致燃烧空气过量和燃烧温度较低，从而导致可燃污染物的排放率较高[2]。

为了减少排放，锥形燃烧器安装了颗粒物控制装置，其中包括水幕（湿式外罩）和水洗塔。锥形燃烧器的排放因子参见表 7-1。

表 7-1 （SI 制和英制）未安装控制装置的锥形燃烧器的垃圾焚化排放因子[a]

排放因子等级：D

垃圾类型	颗粒		硫氧化物		一氧化碳		NMOC		氮氧化物	
	lb/ton	kg/Mg	lb/ton	kg/Mg	lb/ton	kg/Mg	lb/ton	kg/Mg	lb/ton	kg/Mg
城市生活垃圾[b]	20（10～60）[c, d]	10	2	1	60	30	20	10	5	2.5
废木料[e]	1[f]	0.5	0.1	0.05	130	65	11	5.5	1	0.5
	7[g]	3.5								
	20[h]	10								

[a] 废木料的水分含量（应用基）约为 50%。空白表示无数据。

[b] 因子均基于与其他垃圾处置方式的对比（颗粒物除外）。

[c] 对于用推土机装填的间歇式操作，可使用限定范围的最高限值。

[d] 基于参考文献 3。

[e] 参考文献 4-9。

[f] 合格的操作：调整一次风供给量、调整切向燃尽风入口、引入约 500%过量空气和保持 370℃（700℉）排气温度，适当保养燃烧器。

[g] 不合格的操作：在外壳底部附近径向供给燃尽风、引入约 1 200%过量空气和保持 204℃（400℉）排气温度，适当保养燃烧器。

[h] 极其不合格的操作：在外壳底部和外壳的缺口附近径向供给燃尽风、引入约 1 500%过量空气和保持 204℃（400℉）排气温度，没有适当保养燃烧器。

7.3 参考文献

1. *Air Pollutant Emission Factors*，Final Report，CPA-22-69-119，Resources Research Inc. Reston，VA. Prepared for National Air Pollution Control Administration，Durham，NC April 1970.

2. T. E. Kreichelt，*Air Pollution Aspects Of Teepee Burners*，U.S. DHEW，PHS，Division of Air Pollution. Cincinnati，Ohio. PHS Publication Number 999-AP-28. September 1966.

3. P. L. Magill and R. W. Benoliel，"Air Pollution In Los Angeles County：Contribution Of Industrial Products"，*Ind. Eng. Chem*，*44*：1347-1352. June 1952.

4. Private communication with Public Health Service，Bureau of Solid Waste Management，Cincinnati，Ohio. October 31，1969.

5. D. M. Anderson，*et al.*，*Pure Air For Pennsylvania*，Pennsylvania State Department of Health，

Harrisburg PA，November 1961. p. 98.

6. R. W. Boubel，*et al.*，*Wood Waste Disposal And Utilization.* Engineering Experiment Station，Oregon State University，Corvallis，OR，Bulletin Number 39. June 1958. p.57.

7. A. B. Netzley and J. E. Williamson. *Multiple Chamber Incinerators For Burning Wood Waste*，*In：Air Pollution Engineering Manual*，Danielson，J. A.（ed.）. U.S. DHEW，PHS，National Center for Air Pollution Control. Cincinnati，OH. PHS Publication Number 999-AP-40. 1967. p. 436-445.

8. H. Droege and G. Lee，The Use Of Gas Sampling And Analysis For The Evaluation Of Teepee Burners，Bureau Of Air Sanitation，California Department Of Public Health，（Presented At The 7th Conference On Methods In Air Pollution Studies，Los Angeles，CA，January 1965.）

9. R. W. Boubel，“Particulate Emissions From Sawmill Waste Burners”，Engineering Experiment Station，Oregon State University，Corvallis，OR，Bulletin Number 42，August 1968，p. 7-8.

附件：

计量单位换算表

单位符号	单位名称	换算系数
acre	英亩	1 acre=4 046.86 m^2
Btu	英热单位	1 Btu=1 055.06 J
dscf	干燥标准态立方英尺	
dscm	干燥标准态立方米	
ft	英尺	1 ft=0.304 8 m
ft^3	立方英尺	1 ft^3=2.831 685×10^{-2} m^3
in	英寸	1 in=2.54 cm
lb	磅	1 lb=0.453 592 kg
scf	标准立方英尺	1 scf= 2.831 685×10^{-2} m^3
ton（US）	短吨	1 ton（US）=2 000 lb=907.184 74 kg